钒钴材料的制备及电化学性能研究

Synthesis of Vanadium Cobalt Materials and Their Electrochemical Properties

董玉娟　著

本书数字资源

北　京

冶金工业出版社

2023

内 容 提 要

本书介绍了采用多元醇（乙二醇）协助的无模板溶剂热法合成不同结构的锂离子电池正/负极材料的方法。首先介绍了原料种类以及实验条件对材料物相的影响，然后重点讨论了不同微观结构的形成机理以及结构的变化对材料高倍率下循环寿命的影响，实现了调控微观结构优化材料性能的目的。

本书可供对钒、钴材料储能性能及充放电机理感兴趣的科研工作者及锂电池从业人员参考使用。

图书在版编目(CIP)数据

钒钴材料的制备及电化学性能研究／董玉娟著.—北京：冶金工业出版社，2023.6

ISBN 978-7-5024-9490-2

Ⅰ.①钒… Ⅱ.①董… Ⅲ.①钒—纳米材料—材料制备 ②钒—纳米材料—电化学—化学性能—研究 ③钴—纳米材料—材料制备 ④钴—纳米材料—电化学—化学性能—研究 Ⅳ.①TG146

中国国家版本馆 CIP 数据核字(2023)第 087353 号

钒钴材料的制备及电化学性能研究

出版发行	冶金工业出版社	电 话	(010)64027926
地 址	北京市东城区嵩祝院北巷 39 号	邮 编	100009
网 址	www.mip1953.com	电子信箱	service@mip1953.com

责任编辑 于昕蕾 美术编辑 彭子赫 版式设计 郑小利
责任校对 梅雨晴 责任印制 窦 唯
三河市双峰印刷装订有限公司印刷
2023 年 6 月第 1 版，2023 年 6 月第 1 次印刷
710mm×1000mm 1/16；7.75 印张；150 千字；115 页
定价 52.00 元

投稿电话 (010)64027932 投稿信箱 tougao@cnmip.com.cn
营销中心电话 (010)64044283
冶金工业出版社天猫旗舰店 yjgycbs.tmall.com
(本书如有印装质量问题，本社营销中心负责退换)

前　言

　　随着时代的进步和人们生活质量的提高，环境和能源仍是当今和未来面临的重大问题。已经开发的新型能源，如太阳能、风能、潮汐能等已经在能源供应方面占据越来越大的比重，特别是满足人们日常出行的动力供应-动力电池逐渐代替传统的内燃机。目前比较成熟的动力电池-锂离子电池经历了初期的开发研究，现在迎来了快速发展阶段，但电池自身的瓶颈问题在一定程度上制约着电池的工业化发展。目前精益的工业化过程也很难克服大电流充放电的寿命问题以及不可逆的容量损失。

　　针对锂离子电池高倍率下的寿命问题以及不可逆的容量损失，广大的科研工作者针对电池的活性材料进行了大量的研究，材料种类（尖晶石结构、聚阴离子结构以及氧化物材料等）以及材料本身固有的充放电机理（脱嵌机理、合金激励、氧化还原机理等）是研究者深入考虑并且需待突破的问题，针对活性材料的瓶颈问题，目前研究方向主要分为三部分：（1）通过改进实验条件，调控材料尺寸从微米级降低到亚微米级或纳米级，发挥材料的尺寸效应；（2）调控实验方法，构建特殊微观结构，从1D的纳米线、纳米带、2D的纳米片、3D的空心球、蛋黄壳层以及空心六角棱柱铅笔状的微米结构等，发挥材料的结构优势；（3）调控材料组成，合成两种或以上过渡金属的复合微观结构材料以及利用特殊的工艺过程构建高导电材料（碳纳米管、片层石墨烯）与活性物质的复合材料，利用复合材料的协同效应最大程度地发挥材料在高倍率下的循环性能。

　　脱嵌机理在一定程度上可以实现低于1%的容量损失，研究满足脱嵌机理的活性材料有望实现高倍率充放电下的电池长寿命循环。五氧化二钒材料由于其特殊的结构以及较高的理论容量（274mA·h/g）并且可以实现Li^+的脱嵌机理已成为锂离子电池理想的正极材料，基于发挥材料的片层结构以及尺寸效应，调控实验条件（原料种类、溶剂热的时间、温度以及煅烧温度、时间等）实现合成层状组装的超大 V_2O_5 微米球，V_2O_5 微米球制作锂离子电池正极材料，即使在 5C 的倍率下，循环 500 圈后，放电比容量仍为 198.3mA·h/g，容量保持率为 78.41%，容量的损失率仅为 4.3%每圈，实现了材料倍率性能的突破。

Co_3O_4 材料由于结构易于调控而且理论比容量高（890mA·h/g）是锂离子电池理想的负极材料。利用简单的溶剂热方法调控结构的奥氏熟化过程生成不同壳层的蛋黄壳的 Co_3O_4 亚微米球，壳层之间的空隙可以缩短 Li^+ 的穿梭距离，内核是由纳米颗粒堆积而成的，颗粒之间的空隙利于电解液的浸入，提高活性材料与电解液的接触面积。由于活性材料首次充放电在负极表面形成的 SEI 钝化膜影响了首次充放电的库仑效率，但随着充放电的进行，库仑效率不低于 95%，在 2~30 圈内，双壳层结构的蛋黄壳 Co_3O_4 亚微米球（12h-Co）试样的容量损失率仅为 0.06%，即使循环 70 圈后，循环容量仍高于理论容量，呈现优异的循环性能。钒钴复合材料通过调控原料组成，得到两个晶相的空心 CoV_2O_6 微米球，中空结构以及复合氧化物的协同效应使复合材料呈现优异的电化学优势。

钒钴复合材料结构形成过程以及复合材料的协同效应还需进一步的探究，须构筑多种类型的复合结构以及复合材料与高导电材料的复合结构达到进一步优化钒钴复合材料高倍率下的长寿命性能。

基于上述背景而编写了本书，本书的特色是利用结构调控提高钒钴材料的电化学倍率性能和循环寿命，并阐述了钒钴材料的充放电机理。为钒钴材料应用在锂离子电池工业打下理论基础，也为锂离子电池工业开发了一种高性能电极材料。

由于水平所限，本书在编写过程中，难免有不妥之处，敬请读者指正。

董玉娟

2023 年 2 月

目　　录

1 绪 论

1.1 引 言

传统不可再生的矿物燃料（煤、石油、天然气等）被低效率的过度消耗，造成了燃料的浪费，同时矿物燃料的燃烧产生大量的烟尘和有毒的废气未经处理直接排放，造成了严重的空气污染。因此，如何充分利用现有原料，达到能源的合理分配以及实现能量获取和储存的稳定可逆转化是近年来迫切需要解决的问题。开发的自然能源虽然在一定区域内可以代替传统能源，但在能量的获取和输出方面不够稳定，一定程度上限制了其在工农业生产和日常生活上的应用。研究发现，利用电化学方式可以实现能量的稳定转化，这被认为是一种可持续的对环境友好的能量转化方式之一，具有极好的发展前景。能量转化的微纳米化不但可以实现能量的稳定可逆转化而且可以达到能源的高效利用，具有重要的意义。

1.2 材料介绍

1.2.1 纳米材料的特征

材料的结构、尺寸在很大程度上影响了材料的性能，材料的结构由于其表面的比表面积、凹陷，以及内部的中空、片层和不同壳层的结构促进或阻碍离子和电子的传输和活性物质的附着；另外材料的尺寸下降到纳米级时，材料本身的物理、化学性质同块体材料相比，会有很大的不同。其主要特征可概括为：

（1）小尺寸效应，又称为体积效应，即颗粒的体积、尺寸与光的波长、传导电子的德布罗意波长相当或更小时，造成颗粒具有了非同寻常的磁学、光学、力学以及热学等性质。例如，韧性很差的陶瓷材料，当颗粒尺寸降低到一定数值时，材料的韧性增强；当半导体材料的尺寸降低时，光谱发生"蓝移"现象，不发光的材料可以检测到发光现象。

（2）表面与界面效应，指微粒表面原子数与总原子数之比，随着粒子尺寸的减小而大幅度增加，微粒表面能大幅度地增加，从而引起微粒性质的变化。比如，铈纳米催化材料，催化活性提高，催化效率增加。

（3）宏观量子隧道效应，指在量子物理学中，微观粒子穿越比它能量更高势垒的现象。这一效应，对基础研究和实际应用都具有非常重要的作用，例如，为什么磁盘的存储信息需要时间极限；为什么镍纳米颗粒在较低温度下仍能保持超顺磁性。

（4）量子尺寸效应，是指当粒子尺寸下降到某一值时，费米能级附近的电子能级，由准连续态分裂为离散的现象。

（5）介电限域效应，指纳米颗粒被分散到异质介质中时，分散体的界面介电增强的现象。

1.2.2 微纳米材料的制备方法

现如今，为了改善工业化生产，简单、易操作的纳米材料的制备方法越来越多，其主要有固相烧成法、溶胶-凝胶法、喷雾热裂解法、软硬模板法、水热/溶剂热法（多元醇协助的溶剂热法）等。下面对以上主要方法进行简单的介绍。

1.2.2.1 固相烧成法

固相烧成法是指将不同种固体反应物经研磨混合均匀后，在高温条件下进行煅烧，此方法特点是易操作，流程简单，利于工业化生产。中南大学的潘安强等直接对原料草酸氧钒（VOC_2O_4）在 400℃ 空气中高温煅烧 2h 即可得到结晶度良好的尺寸 20~100nm 的 V_2O_5 纳米棒［见图 1-1（a）］，而且电化学性能优良。山东大学钱逸泰课题组的顾鑫等采用同样的方法对过氧化锰（MnOOH）在空气中固相烧结得到 β-MnO_2 纳米棒［见图 1-1（b）］，作为主体框架然后进行复合结构的构筑。Zhou 等在空气中煅烧表面清洁的 Fe 箔得到 Fe_2O_3 纳米片基体［见图 1-1（c）］，然后再进一步地结构构筑。单独采用此种方法可以实现简单的 1D 或 2D 纳米尺寸结构的制备，但对于复杂的微观结构很难实现，特别是具有复杂内部结构的 3D 结构，用此方法有一定的难度。镇江的迟雯等以钨粉和硒粉以 1∶2.2 的物质的量之比在 600℃ 进行高温烧结得到 WSe_2 材料的纳米棒结构［见图 1-1（d）］，制备的此材料具有优良的润滑作用。

1.2.2.2 溶胶-凝胶法

溶胶-凝胶法是指将一部分具有活性的、易水解的无机盐或金属醇酸盐分散到溶剂中，经水解—缩聚—干燥—热处理等过程转化成氧化物或其他化合物固体的方法。此方法反应条件温和，工艺简单，产物纯度高。新墨西哥州立大

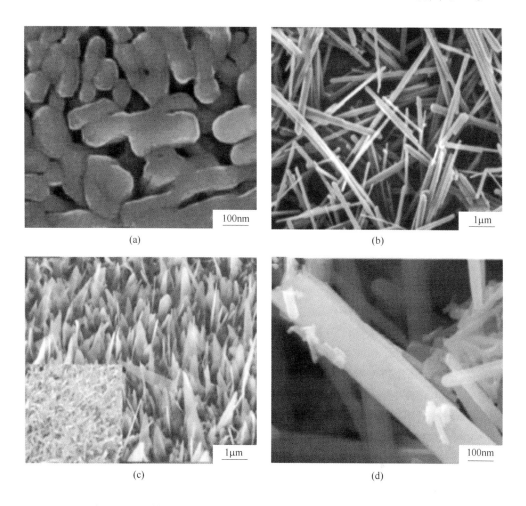

图 1-1　固相烧成方法合成不同物质的扫描电子显微镜照片（FESEM）
（a）V₂O₅ 纳米棒；（b）β-MnO₂ 纳米棒；（c）Fe₂O₃ 纳米片；（d）WSe₂ 纳米棒

学的 Joseph Wang 等采用简单的溶胶-凝胶法，首次制备金属-陶瓷（Au-SiO₂）基片复合感测电极［见图 1-2（a）］，此电极的伏安特性优于普通金属电极。加拿大劳伦森大学 Ravin Narain 课题组在未加入正硅酸甲酯（TMOS）的条件下采用溶胶-凝胶方法制备了单壁碳纳米管 C-Si 复合材料［见图 1-2（b）］，并且比较了 TMOS 对复合材料的影响。图 1-2（c）为德国康斯坦茨大学 Rudolf Bratschitsch 课题组采用同样简单的方法合成了 ZnO 掺杂的 $Zn_{1-x}Co_xO$ 薄膜，此薄膜光传输性能良好。印度海德拉巴校园的 Sounak Roy 课题组使用溶胶-凝胶方法合成 TiO₂/Fe₃O₄ 复合光催化材料，催化还原性能优异［见图 1-2（d）］。

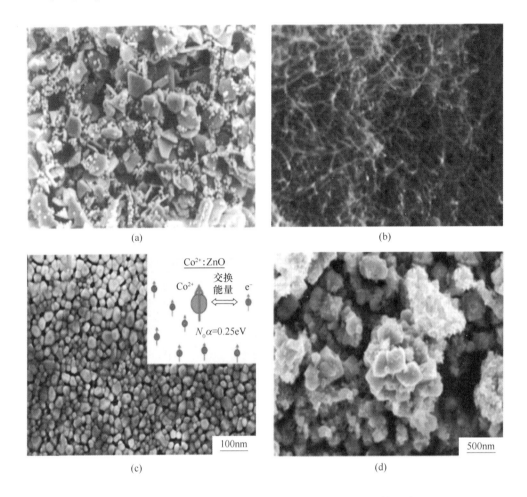

图 1-2 溶胶-凝胶方法合成不同物质的扫描电子显微镜照片

（a）Au-SiO$_2$基片复合感测电极；（b）单壁碳纳米管 C-Si 复合材料；（c）Zn$_{1-x}$Co$_x$O 薄膜；

（d）30%TiO$_2$/Fe$_3$O$_4$复合催化材料

1.2.2.3 喷雾热裂解法

喷雾热裂解法是将金属盐和复合型粉末按所需的化学计量比配成前驱体溶液，经雾化器雾化后，由载气带入高温反应炉中，在反应炉中瞬间完成溶剂蒸发、溶质沉淀形成固体颗粒、颗粒干燥、颗粒热分解、烧结成型等一系列的物理化学过程，最后形成超细粉末。韩国建国大学 Yun Chan Kang 课题组以偏钨酸铵和蔗糖为溶质均匀分散到水中，配置不同浓度的溶液，然后对前驱体溶液进行雾化分解得到 WO$_3$蛋黄壳球粉末 ［见图 1-3（a）］，而且文章中详细地讨论喷雾裂解温度对试样形貌和性能的影响。2016 年，Yun Chan Kang 课题组采用同样的方法在 800℃ 合成 CoSeGO 复合材料［见图 1-3 (b)］，复合物作为钠离子电池材料性能优良。Choi 等探讨 Zn/Mn 不同的摩尔比的原料配制的溶液，在相同分解温度下得到不同形貌的 ZnO_2-MnO_2 复合物的蛋黄壳球［见图 1-3 (c)］，前驱体溶液的不同配比在很大程度上影响了材料的微观结构。

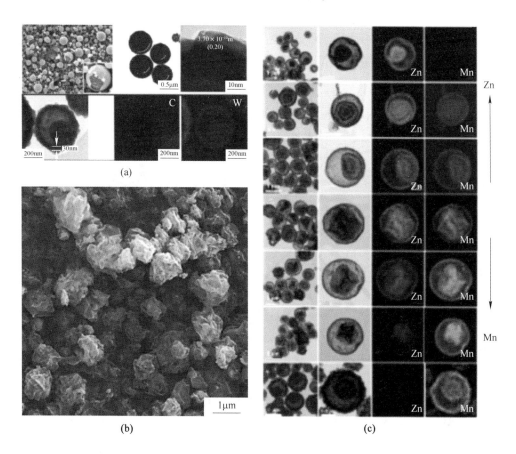

图 1-3　喷雾热解法合成不同微纳米材料的扫描电子显微镜照片

（a）WO_3 蛋黄壳球粉末；（b）$CoSe_{x-r}GO$ 复合材料；（c）ZnO_2-MnO_2 蛋黄壳球复合物

1.2.2.4　模板法

模板法是指用软硬模板为主体构型来控制和修饰材料结构和尺寸的一种合成方法。根据维持其主体结构作用力的强弱分为硬模板和软模板，硬模板如多空二氧化硅，软模板如大分子基团，聚乙烯吡咯烷酮（PVP），十二烷基磺酸钠（CTAB），碳球。中科院的王文忠课题组以 CTAB 为软模板，通过改变模板的含量来合成不同形貌 Cu_2O 的空心球［见图 1-4（a）］，改变软模板的含量来调节空心球壳层的数量。采用同样的方法和原理，利用不同的物质做软模板可以合成类似的结构，中科院姚建年院士课题组参考了王博士的理论，改变模板种类，同样合成了 Co_3O_4 多层空心球［见图 1-4（c）］，对多层空心球的成核机理进行了详细的探讨。中科院王立军院士课题组以 PVP 为模板合成了 V_2O_5 微米空心球［见图 1-4（b）］。利用模板法可以得到一定复杂结构的理想形貌，而且模板去除后，在晶格内部留有空位和空间，不但可以增加物质活性而且利于离子在其中的穿梭。

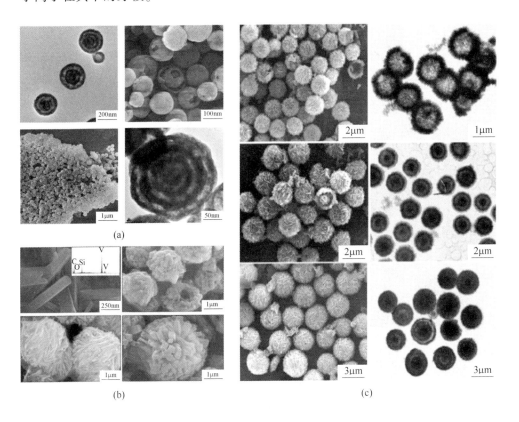

图 1-4　模板法合成不同材料的扫描电子显微镜照片

（a）Cu_2O 蛋黄壳球；（b）V_2O_5 微米空心球；（c）Co_3O_4 多层空心球

近年来，研究发现，合成过渡金属以及金属氧化物的微纳米结构时，采用多元醇体系进行溶剂热反应，多元醇可以代替大分子聚合物充当链接剂。此方法一经发现受到广泛关注。

1.2.2.5 多元醇协助的溶剂热法

乙二醇由于其较高的还原性、较高的沸点（197℃）以及相对较高的介电常数等优点常被作为溶剂兼链接剂参加反应。作为溶剂，高的介电常数能够提高金属盐的溶解度；作为链接剂可以调节中心金属离子来形成金属醇酸盐，继而发生聚合反应。华盛顿大学的夏幼南课题组采用钛源与乙二醇的氧化还原反应得到醇酸钛颗粒，然后聚合成链，生成 1D 醇酸钛纳米线结构［见图 1-5（a）］，首次详细探讨了乙二醇与钛源及其他原料的链接过程，具体的链接过程如图 1-5（a）所示，最后对前驱体在空气中进行固相氧化反应分别得到链状保持的过渡金属氧化物纳米材料。华盛顿大学的曹国忠课题组参考了夏幼南的理论，在高压釜中进行乙二醇体系的溶剂热反应，NH_4VO_3 和乙二醇首先发生反应生成醇酸钒 $VO(CH_2O)_2$ 颗粒和 N_2，然后颗粒在乙二醇链接剂以及强的范德华力的共同作用下聚合在 N_2 泡的周围形成内部中空的纳米球前驱体，最后在空气中固相烧结，醇酸盐氧化成表面短棒堆积的 V_2O_5 空心球［见图 1-5（b）］。乙二醇既作为溶剂发生氧化还原反应，生成不同醇酸盐颗粒；又可以作为链接剂取代表面活性剂和聚合物发挥聚合作用，然后再利用体系自身溶剂和离子之间的范德华力对形貌进行可控的调节，进而改善物质的性能。

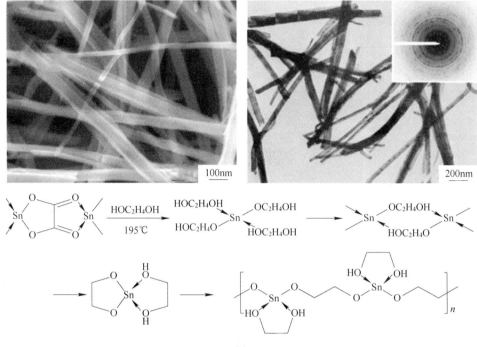

(a)

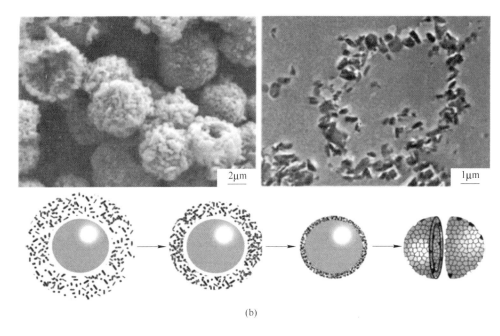

(b)

图 1-5　乙二醇条件下合成的不同物质

（a）TiO$_2$纳米线以及发生的具体链接过程；（b）V$_2$O$_5$空心微米球及反应过程

1.2.3　纳米材料的应用领域

纳米材料由于其特殊的结构和尺寸范围扩大了其在很多领域的潜在应用，如催化、医药、传感器，特别是能源储存方面。作为一种新型的能量储存、转化元件，二次锂电池相比于传统的二次电池（铅酸电池、镍铬电池），其优点是电压高、容量大、放电率低、无毒、安全以及无记忆效应。

1.3　锂离子电池介绍

1.3.1　锂离子电池的组成以及工作原理

锂离子二次电池（LIB）是指一种循环充放电的高能电池，在充放电过程中 Li$^+$在其中嵌入和脱出来回移动，又称为"摇椅式电池"。LIB 是由正极、负极、隔膜和位于两个电极之间的电解液组成，其正极一般采用氧化还原电势较高，并且在空气中能稳定嵌锂的层状过渡金属氧化物，如 LiCoO$_2$、LiNiO$_2$、LiMn$_2$O$_4$、LiFePO$_4$、V$_2$O$_5$、MnO$_2$ 等；负极材料一般选择电势较低的可嵌锂的物质，如石墨、硅、锡基材料，合金和过渡金属氧化物。为了防止电池短路，两个电极由隔膜和电解液隔开。隔膜一般采用多孔的聚烯烃树脂，允许电解液和 Li⁺ 在其中流通。常用的隔膜有单层或多层的聚乙烯（PE）、聚丙烯（PP）微孔膜。电解液多为溶解锂盐（$LiClO_4$、$LiPF_6$、$LiAsF_6$ 及其他新型的含氟锂盐）的有机溶液，有机溶剂常使用碳酸乙烯酯（EC）、碳酸丙烯酯（PC）、碳酸丁烯酯（BC）、碳酸二甲酯（DMC）、碳酸二乙酯（DEC）、醋酸甲酯（MA）、甲酸甲酯（MF）等一种溶剂或几种溶剂的混合物。

以实现商业化的正极材料 $LiCoO_2$ 为例，负极采用层状的石墨进行充放电过程，如图 1-6 所示。电池充电时，在外电场的驱动，电池内部形成锂离子的浓度梯度，正极中的活性物质 Li⁺ 从正极 $LiCoO_2$ 晶胞中脱出进入电解液，通过隔膜嵌入负极石墨的晶格中，接受由外电路从正极到达负极的电子生成 Li_xC 化合物，同时部分 Co^{3+} 被氧化成 Co^{4+}；在放电过程中，Li_xC 化合物中的 Li⁺ 发生脱嵌，通过隔膜进入电解液，电子由外电路到达正极，与嵌入正极的 Li⁺ 生成 $LiCoO_2$，同时 Co^{4+} 还原成 Co^{3+}，锂离子的移动产生了电流。具体充放电方程式如下：

$$LiCoO_2 + 6C \rightleftharpoons Li_{1-x}CoO_2 + Li_xC_6 \tag{1-1}$$

电池充放电容量的高低由到达正负极的锂离子决定，当前负极材料容量普遍高于正极材料，但正、负极材料的循环稳定性差，特别是大电流下的循环，所以解决上述材料的瓶颈问题，一直是锂离子电池材料研究的核心。

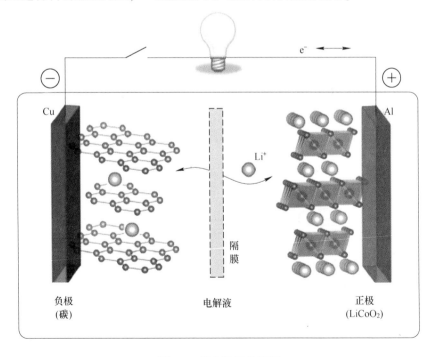

图 1-6　锂电池工作原理

1.3.2　锂离子电池正极材料

理想的正极材料应具有以下要素：较高的输出电压，较高的比容量，较高的离子电导率和电子电导率达到较高的倍率性能，无毒、安全、便宜、易于合成，稳定、不与电解液反应。目前常用的正极材料体系：（1）层状的氧化物体系，如 $LiMO_2$（M=Co、Ni、Mn）；（2）尖晶石与反尖晶石氧化物体系，如 Li_2MnO_4；（3）聚阴离子型体系，如 $LiFePO_4$、$LiMnPO_4$、Li_2MSiO_4（M = Mn、Fe）、$LiFeBO_3$、$Li_2FeP_2O_7$；（4）钒氧化物体系，如 V_2O_5、VO_2、V_2O_3 等。

1.3.2.1　层状的氧化物体系

层状结构材料利于 Li^+ 的嵌入和脱出，是锂离子电池的理想材料。Kisuk Kang 等合成了复合低价态过渡金属层状氧化物材料 $LiNi_{0.5}Mn_{0.5}O_2$，Ni 离子的掺杂导致结构中层间的距离增大，增大了材料的氧化还原活性中心的空间以及提高了材料结构的稳定性。根据密度泛函理论的计算模型估算应变和静电对活化能的影响，晶体内部层之间活性位点空间的增大，致使材料激发态的活化能降低，Li^+ 扩散的能力增加。相比于常规固相法制备的电极材料（$SS\text{-}LiNi_{0.5}Mn_{0.5}O_2$），通过离子转化制备的电极材料（$IE\text{-}LiNi_{0.5}Mn_{0.5}O_2$）充放电倍率性能优异，如图1-7所示。Xiao 等利用共沉淀方法制备了正极片层状结构的 $LiNi_{0.9-y}Mn_yCo_{0.1}O_2$（$0.45 \leqslant y \leqslant 0.60$）材料，本书详细探讨了 Mn 的不同掺杂量导致层状材料物相、微观结构以及电化学性能的变化。结果显示，当 $y>0.5$ 时，材料内部出现了部分的尖晶石杂质相，并且部分 Mn^{4+} 还原成 Mn^{3+}，导致 X 射线衍射图谱出现更大的磁滞回线。当 $y=0.6$ 时，材料微观尺寸为 300~600nm，并且无明显的六角形状，当 Mn 离子浓度降低 Ni 离子浓度增加时，材料微观尺寸降低到 300nm，有明显的孔结构。电化学性能显示，随着 y 值的增加，氧化峰的位置增大如图 1-8 所示，

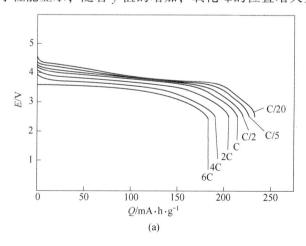

(a)

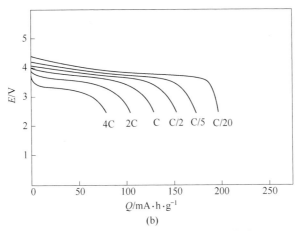

(b)

图 1-7 两种材料在不同倍率下的放电曲线图

（a）IE-$LiNi_{0.5}Mn_{0.5}O_2$；（b）SS-$LiNi_{0.5}Mn_{0.5}O_2$

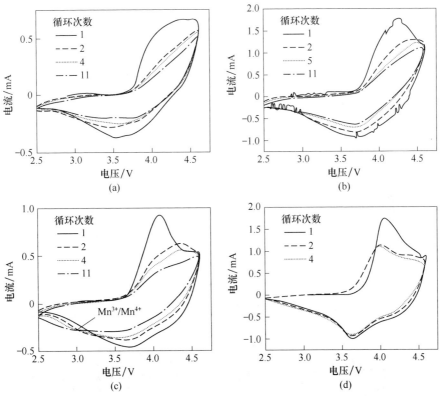

图 1-8 $LiNi_{0.9-y}Mn_yCo_{0.1}O_2$（$0.45 \leqslant y \leqslant 0.60$）的循环伏安图

（扫描速度为 0.1mV/s，电压范围为 2.5~4.6V）

（a）Li/$LiNi_{0.3}Mn_{0.6}Co_{0.1}O_2$；（b）Li/$LiNi_{0.35}Mn_{0.55}Co_{0.1}O_2$；

（c）Li/$LiNi_{0.4}Mn_{0.5}Co_{0.1}O_2$；（d）Li/$LiNi_{0.45}Mn_{0.45}Co_{0.1}O_2$

当 $y = 0.5$ 时，在 3V 的电压之上出现了明显的宽的氧化峰。材料 $Li/LiNi_{0.4}Mn_{0.5}$ $Co_{0.1}O_2$ 首次充电容量接近于理论比容量（275.5mA·h/g），在 4.8V 的电压下，首次放电后，容量出现了衰减，但当电压下降到截止电压 4.4V 时，材料的容量趋于稳定，在 2.5~4.4V 范围内，容量的平均衰减率为 0.5% 每圈。

1.3.2.2 尖晶石与反尖晶石氧化物体系

尖晶石与反尖晶石氧化物材料由于较高的热稳定性，平坦的充放电平台以及高倍下优异的循环稳定性，是锂离子电池正极材料的理想选择。Eiji Hosono 利用 $Na_{0.44}MnO_2$ 作为自模板高温熔融合成隧道结构的超长纳米线 Li_2MnO_4 材料，单晶生长方向为 [001]，壁面方向为 [100]。本文中详细研究了模板 $Na_{0.44}MnO_2$ 的制备过程，以及模板通过离子交换生成中间相的 $Li_{0.44}MnO_2$ 和 Li_2MnO_3，如图 1-9（a）所示，中间相经过 800℃ 的熔融反应生成单晶纳米线的 Li_2MnO_4，中间相 Li_2MnO_3 对单晶尖晶石 Li_2MnO_4 的形成发挥着巨大的作用，Na^+ 替代 Li^+ 形成隧道结构的 $Na_{0.44}MnO_2$，保持了单晶超长纳米线的形貌。单晶超长纳米线 Li_2MnO_4 作为锂离子电池正极材料，充放电比容量接近于理论比容量并且有两个平台如图 1-9（c）所示，材料的稳定性优异，即使循环 100 圈后，仍能看到清晰的晶格图像。

Ding 等采用牺牲模板法制备双壳层中空结构的 $LiMn_2O_4$ 微米球，如图 1-10（a）和（b）所示。本章详细探讨了双壳层中空微米球的形成过程，如图 1-10（c）所示，首先利用化学沉淀法制备粒径为 4μm 左右的核壳结构 $MnCO_3$，壳层表面为圆锥体的堆积体，该材料既为 Mn 源又是目标产物的化学模板。化学模板经过 HCl 溶液的腐蚀，生成双壳层空心结构的 MnO_2，在 HCl 溶液的腐蚀过程中 $MnCO_3$ 氧化生成 MnO_2，最后模板与锂源高温煅烧生成双壳层尖晶石结构的 $LiMn_2O_4$ 微米球，其作为锂离子电池的正极材料，电化学倍率性能优异，如图 1-10（d）所示，该材料在电流密度从 1C 增加到 10C 然后又降低到 1C 时，其中 $1C = 120mA·h/g$，电池的放电容量仍恢复到 $116mA·h/g$，揭示了双壳层层状中空结构优越的可逆性。

(a)   (b)

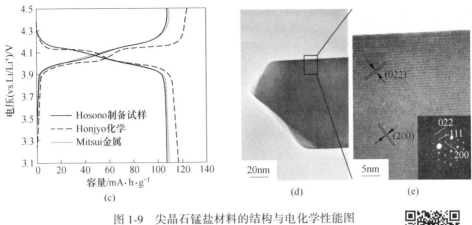

图 1-9　尖晶石锰盐材料的结构与电化学性能图

（a）中间相 $Li_{0.44}MnO_2$ 和 Li_2MnO_3 的扫描电镜图；

（b）高温熔融煅烧生成 Li_2MnO_4 的扫描电镜图；

（c）不同试样的充放电曲线，扫描速度为 0.1mV/s；

（d）循环 100 圈后 Li_2MnO_4 的透射电子显微镜图；

（e）循环 100 圈后 Li_2MnO_4 电子衍射图

图 1-9 彩图

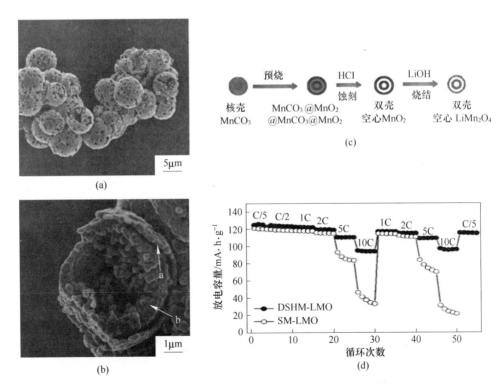

图 1-10　双壳层中空结构的 $LiMn_2O_4$ 微米球的结构与电化学性能图

（a）双壳层中空结构的 Li_2MnO_4（DSHM-LMO）扫描电镜图；（b）破裂微米球的扫描电镜放大图；

（c）双壳层中空结构的形成机理图；（d）DSHM-LMO 与 SM-LMO（固体微米球 Li_2MnO_4）的循环倍率图

1.3.2.3 聚阴离子型体系

聚阴离子型正极材料由于聚阴离子基团的诱导作用以及坚固稳定的结构框架，使该系列材料作为锂离子正极材料呈现出更高的氧化还原电位，长的循环寿命以及优异的热稳定性和安全性。Sun 等利用共沉淀和高温固相法制备展开多层石墨烯与 $LiFePO_4$ 纳米颗粒的复合材料。文章详细探讨了展开石墨烯（UG）、多层石墨烯（G）与 $LiFePO_4$ 纳米颗粒的复合材料的微观结构，石墨烯与 $LiFePO_4$ 纳米颗粒的结合形成过程、作用力以及复合材料的电化学性能。结果显示，多层石墨烯由于在垂直方向上薄片的紧密堆积使多层石墨烯的尺寸达 $10\mu m$，而展开石墨烯的尺寸仅为 $500nm$ 左右，如图 1-11（a）和（b）所示，多层石墨烯有多个褶皱层而展开石墨烯呈现均匀扁平结构，并且有独立的薄片［见图 1-11（b）］。退火时间影响着 $LiFePO_4$ 纳米颗粒在展开石墨烯薄片上的生长状态，退火时间 2h 后，非常细的 $LiFePO_4$ 纳米颗粒均匀地分散在展开石墨烯的纳米片上，随着退火时间的延长，超过 6h，纳米颗粒均匀长大，当退火时间延长到 12h，展开的石墨烯纳米片被卷曲并连接成一个可以导电的 3D 网络结构，电子可以自由地传输，如图 1-11（c）所示，而 $LiFePO_4$ 纳米颗粒不能均匀分散在多层石墨烯内，电子传输受阻。图 1-11（d）为 C 原子的 X 射线吸收近边缘光谱图（XANEs），展示了展开石墨烯与 $LiFePO_4$ 纳米颗粒之间存在强烈的相互作用（化学键），在 C 原子 K-edge 的 XANEs 光谱中，位于约 $285eV$ 和 $291eV$ 的两种模式分别对应着石墨 π^* 和 σ^* 的跃迁，表明所有的 LFP/UG 都存在导电框架，具有良好的导电性，吸收峰的峰型尖锐表明材料的结晶性优异，结构决定性能，展开的石墨烯与 $LiFePO_4$ 纳米颗粒的复合材料具有潜在优异的电化学性能。图 1-11（e）为 LFP/UG 在不同退火温度下的循环寿命，在第一圈循环后，首次放电容量为 $166.2mA \cdot h/g$，占理论容量的 98%，电流密度为 $17mA/g$，电压为 $2.5 \sim 4.2V$。

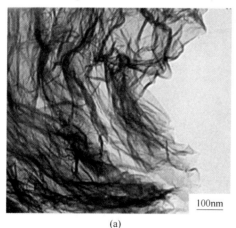

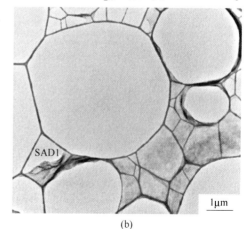

(a)   (b)

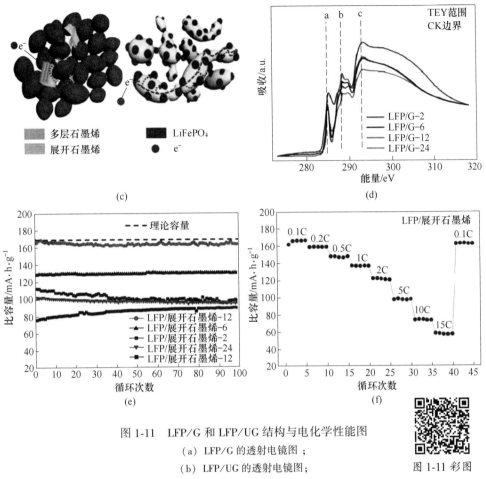

图 1-11　LFP/G 和 LFP/UG 结构与电化学性能图

（a）LFP/G 的透射电镜图；

（b）LFP/UG 的透射电镜图；

（c）LFP/G 和 LFP/UG 电子传输路径图；

（d）C 原子的 X 射线吸收近边缘光谱图（XANEs）；

（e）LFP/UG 的循环寿命图，电流密度为 17mA/g，电压范围为 2.5~4.2V；

（f）LFP/UG-12 在不同电流密度下的循环图

图 1-11 彩图

LFP/UG-12 循环 10 圈和 50 圈后，放电容量分别为 166.4mA·h/g 和 164.1mA·h/g，即使在电流密度增加到 15C 再降低至 0.1C，放电容量恢复到初始容量，如图 1-11（f）所示，因此电化学性能优异的复合材料可以满足一定程度的能源动力需要。

Bruce 等利用原子模拟技术研究 Li_2FeSiO_4 晶体结构的 Li^+ 的扩散路径以及 Li^+ 在传输过程中物相的变化情况。Li_2FeSiO_4 晶体结构为 $P2_1/n$ 空间群，内部为 γ_s 型结构，两组共享边的四面体，一半的 Li、Fe、Si 离子在四面体位点上指向 c 轴方向，四面体 FeO_4 和四面体 LiO_4 共享一个边；另一半的 Li、Fe、Si 离子指向相反的方向，如图 1-12 所示，两个四面体 LiO_4 共享一个边。Li_2FeSiO_4 晶体结构作为锂离子电池的正极材料经过少量的充放电循环后，材料的晶体结构发生了变化，由原来的 γ_s 结构变成 β_π 型结构，如图 1-13（a）所示。对循环 10 圈的电池材料的化学组分经过 X 射线粉末衍射和中子粉末衍射组合测试验证了 Li_2FeSiO_4 的 β_π 型结构，与 Li_2CoSiO_4 的 β_π 型结构一致，空间群为 $Pmn2_1$，所有四面体都沿着 c 轴指向相同的方向，并且仅通过共享角连接，SiO_4 四面体被分别隔离，LiO_4 四面体和（Li/FeO_4）四面体仅通过共享角连接。晶体结构的转变，正极材料在不同阶段充放电过程中，Li^+ 在晶体内部出现了两种不同的扩散路径，图 1-13（b）为第一条路径涉及共享角的 Li1 和 Li2 位点总体沿 c 轴方向移动，Li 在（A）和（B）之间跳动；图 1-13（c）为第二条路径也是涉及共享角的 Li1 和 Li2 位点的（C）和（D）之间跳动，但由于 Li1 和 Li2 位点距离增加，沿 b 轴方向移动。利用原子模拟的方法可推导 Li^+ 的能量扩散路径，研究表明当 Li- Li 之间的跳跃距离大于 4.0×10^{-10} m 时会产生较高的迁移障碍（大于 3.0eV）。沿 c 轴方向的扩散路径对应着最低的迁移能量（0.9eV），而 b 轴方向的路径呈现较高的迁移障碍。因此 Li^+ 在共享角网络中的 Li1 和 Li2 位点之间扩散的路径是曲折的，Li 在四面体共享面的空隙八面体位点之间的迁移是有利的。图 1-13（d）中，Li_2FeSiO_4 作为电池正极材料其充放电性能的可逆性优异。

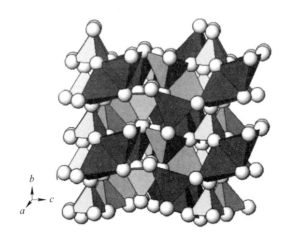

图 1-12　Li_2FeSiO_4 的晶体结构图

1.3.2.4　钒氧化物体系

钒元素为 VB 族多价态过渡金属元素，其在自然界中存在多种氧化态离子，如 V^{5+}、V^{4+}、V^{3+}、V^{2+} 等。一系列的钒氧化合物（VO_x，$x = 1.5 \sim 2.5$）由于其优异的光学、电学、催化以及其潜在的电化学性能已引起广大科研工作者的关注。

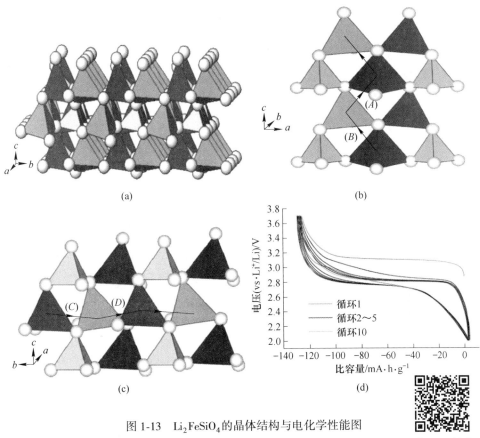

图 1-13 Li$_2$FeSiO$_4$ 的晶体结构与电化学性能图

（a）Li$_2$FeSiO$_4$ 放电结束时的晶体结构；

图 1-13 彩图

（b）Li$^+$ 在 Li$_2$FeSiO$_4$ 结构中的扩散路径图，沿 c 轴方向的第一条路径包括 hop（A）和（B）；

（c）Li$^+$ 在 Li$_2$FeSiO$_4$ 结构中的扩散路径图，沿 b 轴方向的第二条路径包括 hop（C）和（D）；

（d）在 Li$_2$FeSiO$_4$ 循环过程中，电位随电荷状态的变化，扫描速度为 10 mA·h/g（C/16）

Wang 等将合成的乙酰丙酮氧钒与软模板（PVP）在高压反应釜中通过溶剂热法（乙二醇）合成粒径约为 800nm 的均匀 V$_2$O$_5$ 空心纳米球，如图 1-14（a）所示。空心微米球的形成机理如图 1-14（c）所示，钒源在软模板（PVP）的链接作用下经过颗粒堆积形成实心的纳米球，纳米球进一步与乙二醇反应形成前驱体（乙醇酸钒乙酯）的实心球，前驱体经过低温烧结形成 V$_2$O$_5$ 空心纳米球。目标产物作为钠离子电池的正极材料测试其电化学性能，如图 1-14（b）所示，结果显示当电流密度增加到 1280mA/g 时，其放电比容量仍为 93.1mA·h/g。当电流密度先增加后减小到 40mA/g 时，其放电比容量恢复至 149mA·h/g。空心纳米球优异的倍率性能和循环性能归因于晶格在 {110} 晶面的择向生长，为钠离子的嵌入和脱出提供了开放通道。

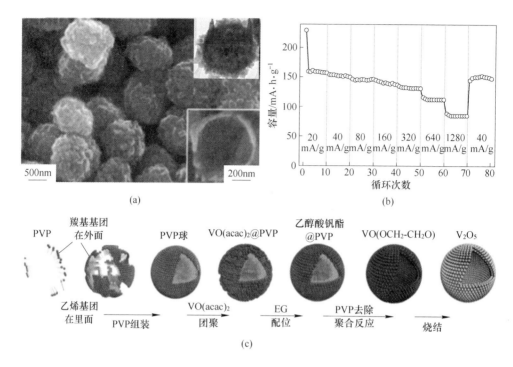

图 1-14　V_2O_5 空心纳米球的结构与电化学性能图

（a）V_2O_5 空心纳米球的扫描电镜图；

（b）V_2O_5 空心纳米球作为钠离子电池正极材料在不同倍率下的循环图（电压范围 1.0~4.2V）；

（c）V_2O_5 空心纳米球的形成机理

Mao 等经过无模板的溶剂热合成粒径约在 200nm、壁厚不足 10nm 的 V_2O_3 空心纳米球前驱体，如图 1-15（a）所示，前驱体经过一步简单的低温煅烧氧化生成 V_2O_5 空心纳米球，如图 1-16 所示。纳米球的壁为颗粒聚集而成，壁薄不足 10nm。图 1-15（c）为 VO_x 空心纳米球的形成机理，原料在溶剂反应中沉积成核，自组装成纳米尺寸的均匀空心球前驱体，前驱体经过简单一步低温煅烧氧化生成 V_2O_5 空心纳米球，目标产物的微粒尺寸及结构形貌无变化。经过不同时间溶剂热的目标产物，空心纳米球的尺寸稍有变化，溶剂热时间延长，纳米尺寸增大，颗粒尺寸在 200~500nm 之间。200nm 尺寸的 V_2O_5 空心纳米球做锂离子电池正极材料测试其可逆性，结果显示 1~10 圈，循环伏安图的氧化还原峰位置以及峰形无变动，则材料可逆性良好。

1.3.3　锂电池的负极材料

作为锂离子电池体系中另一组成部分，负极材料的重要性不言而喻。理想的负极材料具有以下要素：较高的比容量；较低的电位来保证 LIB 较高的输出电

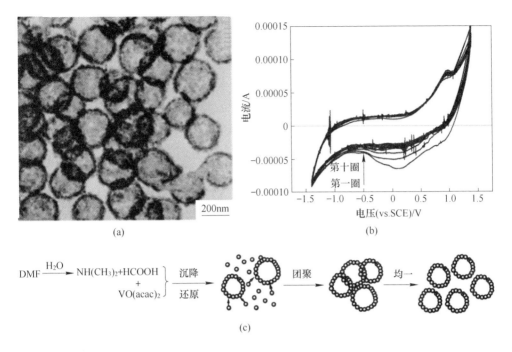

图 1-15 V₂O₅空心纳米球及其前驱体的结构与电化学性能图

（a）前驱体 V₂O₃的透射电镜图；

（b）200nm 的 V₂O₅空心纳米球的循环伏安图（CV）（1~10 圈）；

（c）VO$_x$空心纳米球经过不同时间溶剂热的形成机理

图 1-16 V₂O₅空心纳米球的扫描电镜图

压；良好的电子、离子电导率来得到理想的倍率性能；便宜、无毒、易于制备、环境友好；结构稳定以保证良好的循环性能且不与电解液发生反应等。根据储锂反应机制（脱嵌机制、合金机制、氧化还原机制）的不同，锂电池负极材料包括：（1）满足脱嵌机理的碳、锡材料、尖晶石结构的钛酸锂（$Li_4Ti_5O_{12}$）材料以及钛基、铌基、钒基氧化物材料等；（2）满足合金机制的硅、锗、锡、锑、镓、铟、锰等的单质及其氧化物等；（3）满足氧化还原机制的钛基、钴基氧化物以及大多数过渡金属氧化物、硫化物、氟化物等。满足脱嵌机制的 $Li_4Ti_5O_{12}$ 储锂材料在锂离子嵌入和脱出过程中，几乎实现了晶格参数的零变化，成为商业化的负极材料，但是其理论容量（175mA·h/g）偏低，在一定程度限制了大规模的使用。参与合金机制的单质，充电后，材料一般恢复至原物相，但颗粒的粒径会明显减小，活性增加；氧化物在放电过程时生成了单质，Li^+ 转化生成了 Li_2O，但 Li_2O 不再参加反应，这种合金-脱合金的反应造成了电池材料体积的巨大变化，发生粉化，从集流体上脱落，导致电池循环性能的降低。但满足合金机制的单质和氧化物可以储存更多的锂，提供更多的理论比容量，被认为是一类具有巨大应用前景的材料。大多数的过渡金属氧化物、硫化物和氟化物充当电池材料时，在充放电过程中发生了氧化还原反应，实现了多电子转移，可以储存更多的锂，其理论容量是碳材料的 2~3 倍，是目前研究的热点。但其在充放电中，材料本身的晶格系数发生变化，导致材料体积形变而粉化。因此，寻求有更高储锂容量、结构更稳定的负极材料具有重要意义。

1.3.3.1　脱嵌机理

电池在充放电过程中，锂离子可通过嵌入脱嵌机理使锂离子在正负极之间的移动实现电池的动力供应。嵌入脱嵌机理由于较少的不可逆的能量损失以及晶格参数几乎的零变化使一些电极材料得到广泛的研究和应用。Wang 等利用一种新的合成路线制备了 N 掺杂的石墨烯涂层的 SnO_2 三明治纸片结构的电极材料，如图 1-17（a）所示，层的表面以及层内分布着大量的微观颗粒。图 1-17（c）为 SnO_2 粒子存在于石墨烯层间的不同模式，N 掺杂的石墨烯涂层的 SnO_2 三明治纸片的形成机理则如图 1-17（b）所示。具体形成过程如下：首先 7，7，8，8-四氰喹啉二甲烷阴离子（$TCNQ^-$）吸附在石墨烯的表面，带负电的石墨层分布在溶剂中并形成悬浊液，并且由于静电排斥阻止石墨烯的 π-π 间或 π 内的叠加。其次加入 Sn^{II} 盐之后，由于 Sn^{2+} 与 $TCNQ^-$ 之间的强烈的相互作用，在石墨层内 Sn^{2+}-$TCNQ^-$ 自组装成三明治结构并且由于在溶液中较低的溶解性而沉淀出固体。H_2O/N，N 二甲基甲酸/乙腈的混合溶液在特殊结构制备过程中发挥了重要的作用，一方面石墨烯悬浮在有机溶液中防止沉淀，另一方面 $TCNQ^-$ 在有机溶液中易于形成，最后煅烧后形成的三明治结构的石墨烯的 SnO_2 片中 SnO_2 纳米颗粒包覆在石墨烯层间并且易氮化。N 掺杂的石墨烯涂层的三明治纸片结构的 SnO_2 作为锂离子电池的负极材料呈现优异的电化学性能，如图 1-18（a）和（c）所示。图 1-18（a）中当电流密度分别增加到1000mA·h/g 和2000mA·h/g 时，N 掺杂

的石墨烯涂层的 SnO_2 电极材料放电比容量分别为 683mA·h/g 和 619mA·h/g。即使电流密度增加到 5000mA·h/g，材料的放电比容量为 504mA·h/g，为石墨烯理论比容量（372mA·h/g）的 1.35 倍。图 1-18（c）为 N 掺杂的石墨烯涂层的 SnO_2 电极材料的循环性能，电流密度为 50mA·h/g，结果显示，循环 50 圈后，容量保持率为 63% 的初始容量，容量损失率仅为 0.02%，远远高于未掺杂的 SnO_2 电极材料的容量损失率。图 1-18（b）为 N 掺杂的石墨烯涂层的 SnO_2 电极材料在充放电过程中锂离子的嵌入脱嵌过程，优异的电化学性能归因于以下几点：首先氮掺杂的石墨烯由于表面缺陷以及掺氮导致的无序结构，相比无掺杂的石墨烯致使较多 Li^+ 的嵌入使材料提供较大的可逆容量，其次 N 掺杂的石墨烯涂层的 SnO_2 电极材料内部由于有效地缩减了电子的传输路径致使材料的电导率为普通石墨烯 SnO_2 电极材料的 5 倍，而且，层状的石墨烯为 SnO_2 纳米晶体提供连续的传导路径以降低粒子-粒子的界面阻力。第三，石墨烯片制成的超柔性涂层，不仅能提供弹性缓冲空间，以适应锂离子插入/脱嵌时的体积变化，还能有效地防止纳米颗粒的聚集和电极材料的开裂或破碎，从而获得更好的循环性能。

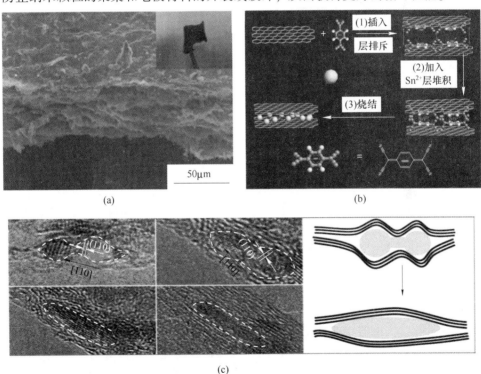

(a)　　　　　　　　　　　　　　　(b)

(c)

图 1-17　N 掺杂石墨烯涂层的 SnO_2 三明治纸片的结构图

（a）N 掺杂的石墨烯涂层的 SnO_2 三明治纸片结构的扫描电镜图；

（b）N 掺杂的石墨烯涂层的 SnO_2 三明治纸片结构的形成机理图；

（c）存在于石墨烯层间的不同模式的 SnO_2 粒子以及原理图

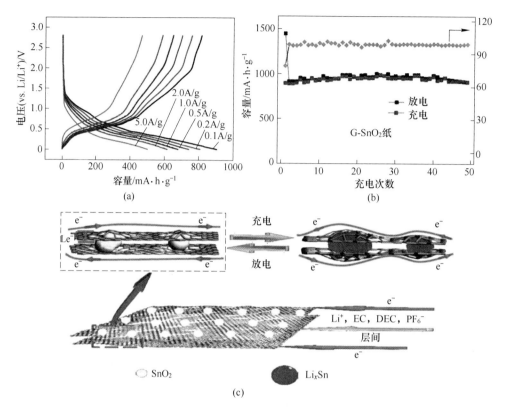

图 1-18 N 掺杂石墨烯涂层的 SnO₂ 片的充放电性能图及 Li⁺ 扩散路径图

（a）N 掺杂的石墨烯涂层的 SnO₂ 片在不同电流密度下的充放电曲线图；

（b）N 掺杂的石墨烯涂层的 SnO₂ 片的循环性能图；

（c）N 掺杂的石墨烯涂层的 SnO₂ 片作为锂离子电池的负极材料其锂离子与电子的传输路径图

Zhao 等通过简单的三步法合成均匀的核壳结构的 SnO_2@C 纳米球，如图 1-19（a）和（b）所示。图 1-19（c）为 SnO_2@C 核壳纳米球的形成过程：首先锡酸盐在乙醇和水的混合溶液中经过简单的溶剂热过程生成空心的 SnO_2 纳米颗粒，第二步是溶胶-凝胶法，以间苯二酚甲醛为碳源，原硅酸四乙酯为硅源经过低温的螯合过程，转移到水热釜中进行溶剂热反应生成核壳 SnO_2@SiO_2@C 纳米球，最后收集的固体样品在 N_2 环境下进行高温煅烧过程即可生成核壳结构的 SnO_2@C 空心纳米球。目标产物作为锂离子电池的负极材料，锂离子通过在正负极之间进行嵌入脱嵌过程呈现优异的倍率性能，如图 1-19（d）所示，从图中可以看到，当电流密度增加到 3.2C 时，其放电比容量为 300mA·h/g，放电流密度又降低到 0.32C 时，其放电比容量增加到 760mA·h/g，因此电极材料的可逆性优异。

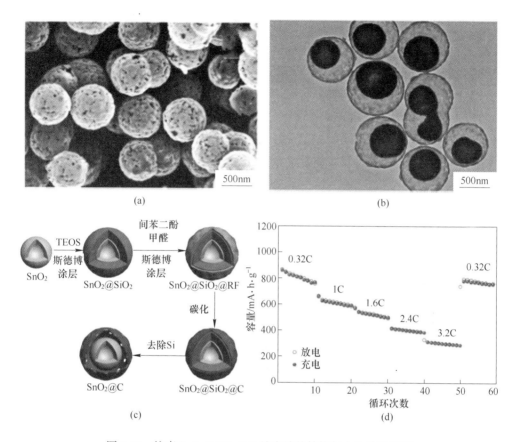

图 1-19　核壳 $SnO_2@SiO_2@C$ 纳米球的结构与电化学性能图

（a）核壳 $SnO_2@SiO_2@C$ 纳米球的扫描电镜图；

（b）核壳 $SnO_2@C$ 纳米球的透射电镜图；

（c）核壳 $SnO_2@C$ 纳米球的形成机理图；

（d）核壳 $SnO_2@C$ 纳米球作为锂离子电池材料在不同电流密度下的倍率循环图

Petr Novák 等利用原位中子衍射研究了 Li^+ 嵌入 $Li_4Ti_5O_{12}$ 材料的物相成分，研究结果表明，当电极材料中嵌入 Li^+ 和 Li^+ 脱嵌的整个循环过程中，由于 Ti—O 键长的增加，单元格的参数由 8.3636×10^{-10} m 下降到 8.3580×10^{-10} m，物相由 $Li_4Ti_5O_{12}$ 转化为 $Li_7Ti_5O_{12}$，最后又转化为 $Li_4Ti_5O_{12}$，如图 1-20 所示，因此探究了 $Li_4Ti_5O_{12}$ 作为锂离子电池负极材料的充放电机理。Marnix Wagemaker 等进一步验证了 $Li_{4+x}Ti_5O_{12}$ 作为锂离子电池负极材料其充放电过程中的物相变化，如图 1-21（a）所示，随着 x 的增大，单元格的参数发生微小减小［见图 1-21（b）］，并且晶格位点从 8a 到 16c 进行变动［见图 1-21（c）］，并且物相 $Li_4Ti_5O_{12}$ 和 $Li_7Ti_5O_{12}$ 共存相向单相固溶体转变，因此在 $Li_4Ti_5O_{12}$ 的两相反应并不限制 Li^+ 的插入速率而是快速放电的结果。在室温条件下，8a 和 16c 的占位可能会被混合，导电性好的 $Li_7Ti_5O_{12}$ 和导电性差的 $Li_4Ti_5O_{12}$ 混合可能有利于整体的电导率，8a 和 16c 的占位混合所产生的无序最可能利于 Li^+ 的迁移。$Li_{4+x}Ti_5O_{12}$ 室温下的稳定性最可能与"零应变"的性质有关，这是由于两端构件的结构相似所致，固溶体只有在非常高的温度下才能稳定。因此，中子和 X 射线衍射对插层尖晶石的测量结果显示，中间组分 $Li_{4+x}Ti_5O_{12}$ 在室温下具有平衡的单相形貌，当冷却到室温以下时，这种单相形态逐渐从纳米级的区域转变为微米级，快速充电导致了两相行为，阻碍了平衡形态的形成，这为 $Li_{4+x}Ti_5O_{12}$ 在 Li^+ 插层中的物相变化提供一种新的认识。

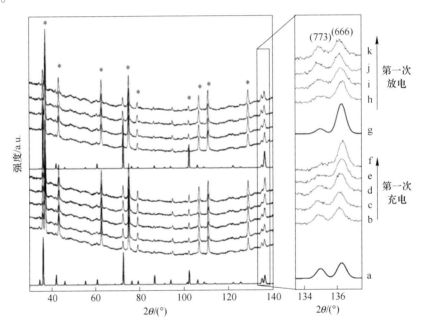

图 1-20　Li^+ 在 $Li_4Ti_5O_{12}$ 中嵌入脱嵌过程中的中子衍射图样的演变图

a—$Li_4Ti_5O_{12}$ 的模拟回波图形；b—$Li_4Ti_5O_{12}$；c—$Li_{4.7}Ti_5O_{12}$；d—$Li_{5.4}Ti_5O_{12}$；
e—$Li_{6.1}Ti_5O_{12}$；f—$Li_{6.8}Ti_5O_{12}$；g—$Li_7Ti_5O_{12}$ 的模拟回波图形；h—$Li_{5.9}Ti_5O_{12}$；
i—$Li_{5.2}Ti_5O_{12}$；j—$Li_{4.6}Ti_5O_{12}$；k—$Li_{4.1}Ti_5O_{12}$

　　Gu 等利用简单的高温固相法合成单斜层状结构的 $TiNb_2O_7$ 的电池材料，其微观结构如图 1-22（a）~（d）所示。从图中可知，微观结构呈阶梯状、波纹状和切片状，这与晶体的分层结构相关，并且与晶格条纹的生长方向相匹配。由于带隙包含电子电导率的信息，因此通过测试材料的紫外和可见光吸收以及带隙宽度可知，$TiNb_2O_7$ 为间接带隙材料，带隙宽度为 2.92eV，如图 1-22（e）和（f）所示，这种宽频带隙预示了本征材料中电子从价带向导带迁移的困难。$TiNb_2O_7$ 作

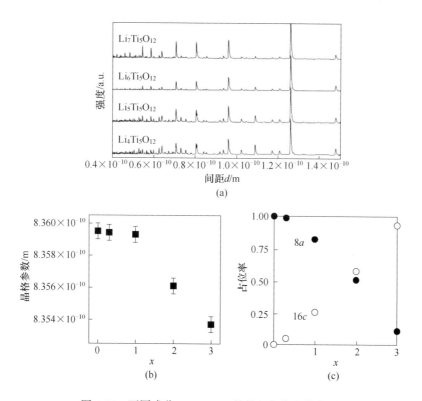

图 1-21 不同成分 $Li_{4+x}Ti_5O_{12}$ 的物相与位点分布图

（a）在室温下不同成分 $Li_{4+x}Ti_5O_{12}$ 的中子衍射图；（b）对应晶格参数的变化图；

（c）不同组分的物相，其晶体的位点分布图

为锂离子电池的负极材料测试其电化学性能，如图 1-23（d）和（e）所示，循环伏安图显示［见图 1-23（d）］，在 1.68V 和 1.45V 处观察到明显的氧化还原峰，对应着 Nb^{5+}/Nb^{4+} 和 Ti^{4+}/Ti^{3+} 的氧化还原对，在 1.75V 时，还原肩峰明显向下驱动，可能是由于 $TiNb_2O_7$ 中部分 Ti^{4+}/Ti^{3+} 的价态变化所致，是由于 Li^+ 不可逆地插入 $TiNb_2O_7$ 晶格中所致。锂的平均存储电压约为 1.64V，处于氧化峰和还原峰的中点位置。另外第一圈之后的氧化和还原之间的极化在 0.15V 左右，低于第一次循环的 0.23V，意味着第一次循环后动力学更好。图 1-23（a）为本征材料的扫描透射电镜图，对应着 $TiNb_2O_7$ 材料未插 Li^+ 的晶格条纹，当放电到 1.0~3.0V［见图 1-23（b）］时，虽然晶体材料的层状结构仍可保持，但 Nb 的位点被拉长，是由于在充放电过程中（001）晶面上 Li^+ 的积累导致了 Nb（Ti）-O 八面体的变形，使通道效应逐渐消失。从（110）平面距离的变化可以推断，即使放电到 3.0V，晶格内仍有一些 Li^+ 的残留，可能是首次充放电过程中产生的不可逆容量的原因。剩余 Li^+ 的强库仑排斥力延伸到（110）晶面。图 1-23（e）中初始

库仑效率可达93%，经过20次循环后，放电容量仍为250mA·h/g，呈现优异的电化学性能。LiNbO₃材料优异的理论容量（363mA·h/g）和高的氧化还原电对Nb^{5+}/Nb^{4+}，有望成为Li₄Ti₅O₁₂的替代材料。

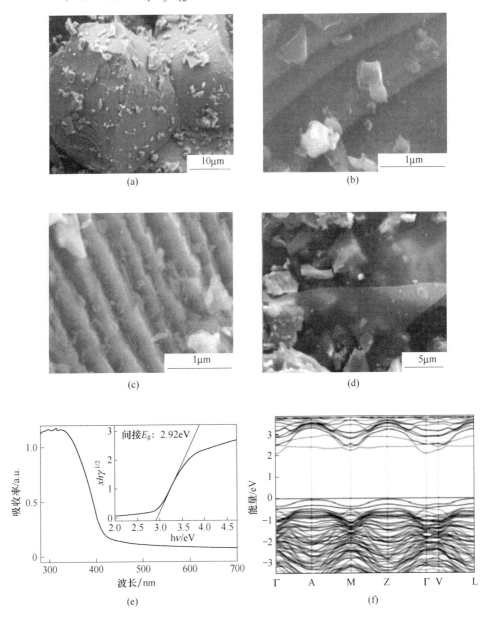

图 1-22　TiNb₂O₇的微观结构及光吸收的能带结构图

（a）~（d）单斜层状结构的 TiNb₂O₇的扫面电镜图；（e）TiNb₂O₇的紫外和可见光吸收光谱图；
（f）计算的带结构沿高对称点的布里渊区

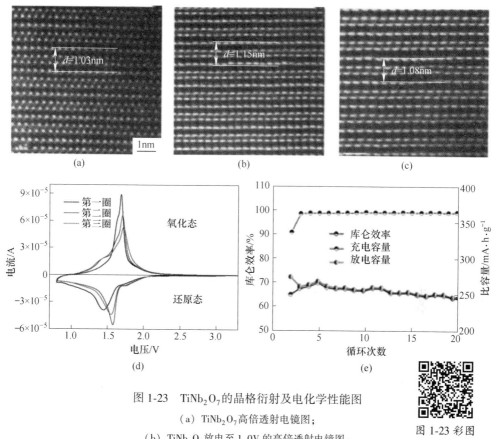

图 1-23 TiNb₂O₇的晶格衍射及电化学性能图

（a）TiNb₂O₇高倍透射电镜图；

（b）TiNb₂O₇放电至 1.0V 的高倍透射电镜图；

（c）TiNb₂O₇放电至 3.0V 的高倍透射电镜图；

（d）TiNb₂O₇循环伏安图（电压范围为 1.0~3.0V）；

（e）TiNb₂O₇循环性能图

图 1-23 彩图

Fan 等利用微波诱导自燃方法合成 3D 分层多空的 LiNbO₃纳米复合材料，如图 1-24（a）~（c）所示，材料的比表面积高达 57.8m²/g。珊瑚骨架表面的纳米孔径比较粗糙，特殊的微观结构可提供大量的 Li⁺的穿插通道，使电解质充分渗透到材料内，促进 Li⁺在阳极/电解质界面之间的传输。特殊结构的形成机理如图 1-24（d）所示，首先利用溶胶-凝胶法制备 Li-Nb-O 前驱体，把前驱体压缩成圆片，圆片经过微波反应器的快速反应，圆片中的柠檬酸被点燃，大量分解气体释放出来形成多孔结构，燃烧过程中释放的大量热量促进 LiNbO₃的结晶，最终分层多空的 LiNbO₃复合材料形成。3D 分层多空的 LiNbO₃纳米复合材料，作为锂离子电池负极材料呈现优异的循环和倍率性能，如图 1-24（f）所示，当电流密度为 0.25A/g 时，第一次和第二次循环的库仑效率分别为 93%和 96%。当电流密度增加到2.0A/g时，仍能保持136mA·h/g的可逆容量。图1-24（e）为复合材料在充放电过程中的物相变化，结果显示，在1.5V和1.1V的两个还原峰对应着Nb^{5+}/Nb^{4+}物相转变以及部分Nb^{4+}/Nb^{3+}的物相变化，两个还原峰对应的氧化峰位于1.9V，与文献一致。

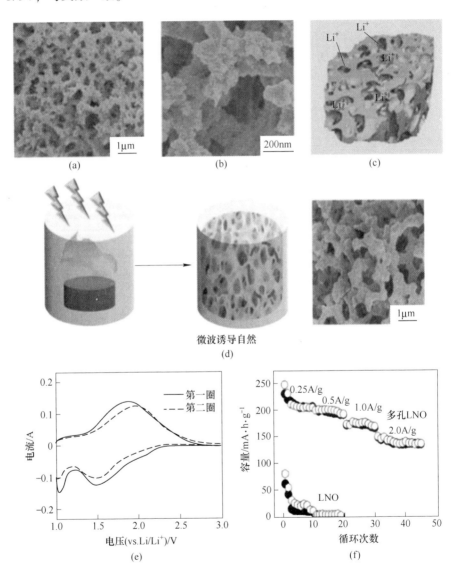

图1-24 3D多空的$LiNbO_3$纳米复合材料的微观结构及电化学性能图

（a）~（c）$LiNbO_3$纳米复合材料的扫描透镜图；（d）$LiNbO_3$纳米复合材料形成机理图；

（e）$LiNbO_3$纳米复合材料作为锂离子电池负极材料的循环伏安图，电压范围1.0~3.0V；

（f）$LiNbO_3$纳米复合材料在不同电流下的循环性能图

Zhang 等利用一步简单的溶剂热法合成纳米颗粒自组装的 $TiNb_2O_7$ 微米球。由于本征材料固有的较低的电子和离子电导率，在一定程度上限制了材料的发展，意在通过调控本征材料的微观结构达到提高倍率和循环性能的目的。其微观结构如图 1-25（a）所示，微米球是由纳米颗粒自组装而成，微米球的粒径随溶剂热的时间而变动，溶剂时间增加，微米球粒径可增加到 $2\sim3\mu m$。图 1-25（b）为微米球的形成过程，Nb 盐与 Ti 盐经过溶剂热反应得到结晶性低的 Ti-Nb 的前驱体微米球，前驱体经过固相烧结形成结晶性良好的 $TiNb_2O_7$ 微米球，作为对比，相同的原料只进行高温烧结则只得到块状的目标产物。$TiNb_2O_7$ 微米球作为锂离子电池的负极材料，在充放电过程中，由于元素价态的变化导致出现尖锐的氧化还原峰，如图 1-25（c）所示，位于 1.68V 和 1.62V 的尖锐峰对应于 Nb^{5+}/Nb^{4+} 的价态变化，位于 1.0V 和 1.4V 的宽包对应于 Nb^{4+}/Nb^{3+} 的价态变化，位于 1.73V 和 2.0V 的氧化还原峰对应于 Ti^{4+}/Ti^{3+} 的价态变化，与文献报道一致。颗粒组装的 $TiNb_2O_7$ 微米球呈现优异的循环和倍率性能，如图 1-25（d）所示，当电流密度增加到 10C 时，循环 500 圈后仍能保持 $115.2mA\cdot h/g$ 的放电比容量。

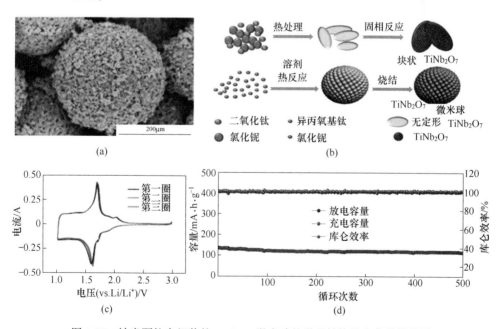

图 1-25　纳米颗粒自组装的 $TiNb_2O_7$ 微米球的微观结构及电化学性能图

（a）$TiNb_2O_7$ 微米球的扫描电镜图；

（b）$TiNb_2O_7$ 微米球和块状 $TiNb_2O_7$ 的形成机理；

（c）$TiNb_2O_7$ 微米球作为锂离子的循环伏安图（电压范围 1.0~3.0V）；

（d）$TiNb_2O_7$ 微米球循环性能图（10C 的倍率）

图 1-25 彩图

J. C. Pe′rez-Flores 等通过中温熔融的 $Na_2Ti_6O_{13}$ 和 $Li_2Ti_6O_{13}$ 离子交换的方法合成 $Li_2Ti_6O_{13}$，温度控制严格，轻微的温度增加都会导致第二相的生成。文中详细探讨 $Na_2Ti_6O_{13}$ 和 $Li_2Ti_6O_{13}$ 的晶体类型以及每种晶体中 Na 原子与 Li 原子的位点类型，如图 1-26 （a） 和 （b） 所示，在 $Na_2Ti_6O_{13}$ 晶体中，Na 原子为八配位位点，而在 $Li_2Ti_6O_{13}$ 晶体中，Li 原子是四配位位点，结构的不同呈现不同的电化学性能，如图 1-26 （c） 和 （d） 所示，锂在 $Na_2Ti_6O_{13}$ 中的插入是可逆的，锂与 $Li_2Ti_6O_{13}$ 的反应在第一次放电后伴随着不可逆的相变，新相经历了可逆的 Li^+ 插入反应，平均电压为 1.7V 时，容量为 170mA·h/g。中子衍射结果表明，在 325℃ 的 Na 和 Li 的离子交换时，Na 原子与 Li 原子在 $(Ti_6O_{13})^{2-}$ 的网络框架中占据不同的隧道位点，熔融温度提高到 350℃ 时，第一次完全放电后，在 1.7V 电压下，可逆容量迅速下降到 90mA·h/g。

Akbar I. Inamdar 等探究了一种新型的负极材料——$NiTiO_3$，具有良好的倍率性能和循环性能，其作为锂离子电池负极材料时，在 Li^+ 的嵌入和脱出过程中，由于电极的极化和局部结构的变化，第一个周期的还原过程不同于后续周期的还原过程，如图 1-27 （a） 所示。在第一个循环中，CV 曲线在 1.29V 和 0.64V 处显示两个特征阴极峰，在第一次放电循环中，这些峰分别与金属 Ti 和 Ni 的形成

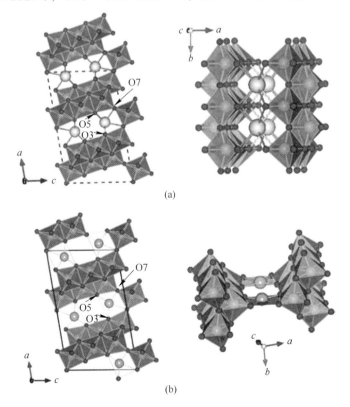

(a)

(b)

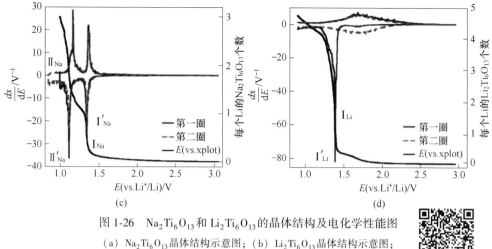

图 1-26　$Na_2Ti_6O_{13}$ 和 $Li_2Ti_6O_{13}$ 的晶体结构及电化学性能图
（a）$Na_2Ti_6O_{13}$ 晶体结构示意图；（b）$Li_2Ti_6O_{13}$ 晶体结构示意图；
（c）$Na_2Ti_6O_{13}$ 循环伏安图（电压范围 1.0~3.0 V）；
（d）$Li_2Ti_6O_{13}$ 循环伏安图（电压范围 1.0~3.0 V）

图 1-26 彩图

有关，从而形成非晶态的 Li_2O。在随后的循环中，尖峰电位从 1.29V 移至 1.95V 可能是 Li^+ 插入引起的化学过程的结果。在充电过程中，约 1.39V 和 2.38V 处的峰值对应着 Li_2O 的分解，这一过程导致了 Ni 和 Ti 的氧化。结合 CV 曲线的结果可得阴极反应和阳极反应，如图 1-27（b）所示，其反应方程式如下：

阴极反应：

$$NiTiO_3 + xLi^+ + xe^- \longrightarrow Ni + Ti + xLi_2O \tag{1-2}$$

阳极反应：

$$Ni + Li_2O \rightleftharpoons NiO + 2Li^+ + 2e^- \tag{1-3}$$

$$Ti + 2Li_2O \rightleftharpoons TiO_2 + 4Li^+ + 4e^- \tag{1-4}$$

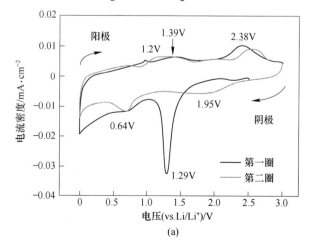

（a）

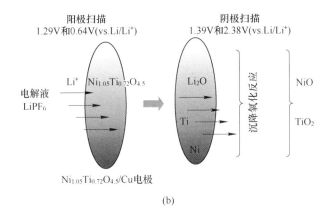

(b)

图 1-27 Li$^+$ 在 NiTiO$_3$ 中的扩散路径图及物相变化图

（a）NiTiO$_3$ 的循环伏安图，电压范围 0~3V；

（b）电极在锂基电解液中阴极和阳极扫描过程中的氧化和还原反应

A. S. Prakash 等通过简单的超声辅助的低温固相法制备 TiO$_2$ 涂层的碳纳米管如图 1-28（a）所示。透射电镜图显示，当涂层 TiO$_2$ 的浓度为 25% 时，粒径不足 10nm 的 TiO$_2$ 纳米颗粒均匀分布在碳纳米管的内部和表面，并且随着 TiO$_2$ 涂层浓度增大，纳米颗粒团聚严重并且颗粒尺寸增大。浓度为 25% 的 TiO$_2$ 涂层的碳纳米管作为锂离子电池的负极材料呈现优异的倍率性能，如图 1-28（b）所示，当电流密度增加到 20C 时，其可逆容量仍能保持为 190mA·h/g。相比于 100% 的 TiO$_2$，其电流密度增加到 20C 时，容量迅速衰减到 30mA·h/g，电化学性能优势明显。电池负极材料种类繁多，绝大部分材料通过锂离子的嵌入/脱嵌机理实现电池的充放电过程，Li$^+$ 插入/脱出导致本征材料发生氧化还原反应实现电池的可逆反应，并且可逆容量无明显损失，充放电转化率高，材料的利用率高可满足工

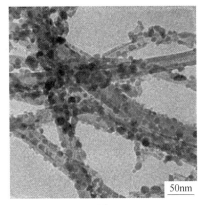

(a)

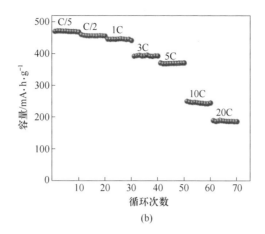

(b)

图 1-28 25%TiO$_2$/CNT 碳纳米管的微观结构及倍率循环图

(a) 25% TiO$_2$/CNT 碳纳米管的透射电镜图;

(b) 25% TiO$_2$/CNT 碳纳米管作为锂离子电极材料在不同电流密度下的循环图

业需求。但此类材料普遍存在 Li$^+$ 扩散路径长，倍率性能差，广大科研工作者试图通过改变材料的微观结构以及复合电导率强的材料来达到缩短 Li$^+$ 的扩散路径和提高本征材料电导率的目的，这在一定程度上实现了电极材料电化学性能的突破。但科技在进步，材料机理的探究仍在继续。

1.3.3.2 合金机制

满足合金机制的电极材料，由于可以储存多余的容量，被认为是一种非常有前景的储能机制，满足此机制的电极材料得到了广泛的研究。满足尖晶石或尖晶石晶体结构的三元锰基氧化物 AMn$_2$O$_4$（A = Co 和 Zn）作为锂离子电池的负极材料，锂循环机制涉及"合金化"转化反应，根据结构、形貌、粒径和组成不同已经报道了大量稳定可逆容量的三元锰基氧化物。Lou 等研究了采用一种新的无模板法制备了球中球的 ZnMn$_2$O$_4$ 空心微米球，如图 1-29（a）~（d）所示，ZnMn$_2$O$_4$ 空心微米球由尺寸 30nm 的纳米颗粒组成，并为介孔特征。当 ZnMn$_2$O$_4$ 空心微米球用作锂离子电池的阳极材料时，空心微米球在 400mA·h/g 的电流密度下循环 120 圈后，呈现 750mA·h/g 的高比容量，如图 1-29（e）所示，材料的循环性能和倍率性能都实现明显改善。

Yuan 等利用简单的溶剂热法颗粒（粒径约为 15nm）自组装的介孔空心的 ZnMn$_2$O$_4$ 亚微米球，微观结构及粒径分布如图 1-30（a）~（d）所示，微观结构的形成机理如图 1-30（e）所示，在溶剂热过程中，纳米颗粒采用由内及外的奥氏熟化（Ostwald ripening）过程自组装成亚微米球。介孔空心的 ZnMn$_2$O$_4$ 亚微米球

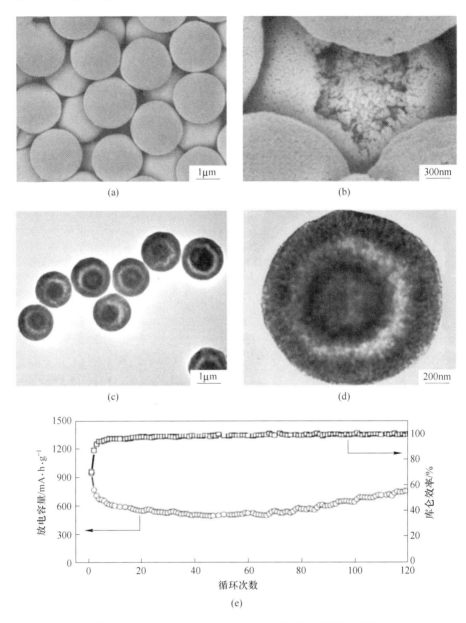

图 1-29 ZnMn₂O₄空心微米球的微观结构及循环性能图

（a）（b）ZnMn₂O₄的扫描电镜图；（c）（d）ZnMn₂O₄的透射电镜图；

（e）ZnMn₂O₄作为锂离子电池阳极材料的循环性能图［电流密度 400mA · h/g，

电压范围（vs. Li/Li⁺）0.01~3V］

作为锂离子电池的负极材料呈现优异的电化学性能，在电流密度为 780mA · h/g 时，从初始放电至循环到 565 次时，电池的放电容量呈现先降低后增加的现象，

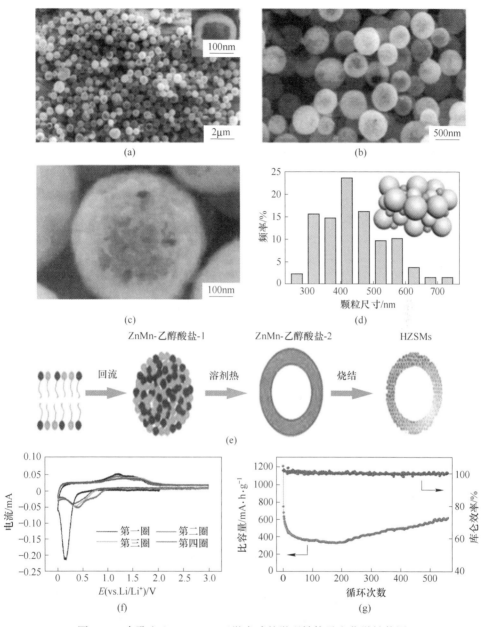

图 1-30　介孔空心 $ZnMn_2O_4$ 亚微米球的微观结构及电化学性能图

（a）~（d）$ZnMn_2O_4$ 亚微米球的扫描电镜图及粒径分布图；

（e）$ZnMn_2O_4$ 亚微米球的形成机理；

（f）$ZnMn_2O_4$ 亚微米球作为锂离子负极材料的循环伏安图

[电压范围（vs. Li/Li+）0.01~3V，扫描速度 0.2mV/s]；

（g）$ZnMn_2O_4$ 亚微米球作为锂离子负极材料的循环性能图

[电压范围（vs. Li/Li+）0.01~3V，电流密度 780mA·h/g]

图 1-30 彩图

归因于电极的动力激活可逆形成 SEI 膜。放电结束时，其放电比容量仍保持为 612mA·h/g，约为理论容量的 78%。图 1-30（f）为 $ZnMn_2O_4$ 亚微米球作为锂离子电池的负极材料在充放电过程中的充放电机理，在第一次放电时，位于 1.35V 处的宽还原峰对应于 Mn^{3+} 到 Mn^{2+} 的还原过程，0.16V 处的还原峰对应于 Mn^{2+} 和 Zn^{2+} 分别还原为金属单质 Mn 和 Zn，然后金属单质插入 Li_2O 结构中，与单质 Li 形成 LiZn 合金。对应的氧化峰分别对应于 Mn^0-Mn^{2+}（约 1.2 V）和 Zn^0-Zn^{2+}（约 1.55V）的氧化，与文献报道一致。

1.3.3.3 氧化环氧机制

大多数的过渡金属氧化物、硫化物和氟化物由于在充放电过程中发生了氧化还原反应，实现了多电子转移，可以储存更多的锂成为近年来广大热衷储能研究爱好者的热点。Zhou 等利用简单的共沉淀和烧结方法合成双壳层的 $CoMn_2O_4$ 空心微米立方体，微观结构如图 1-31（b）~（e）所示，前驱体为 $Co_{0.33}Mn_{0.67}CO_3$，目标结构的形成机理如图 1-31（a）所示，目标产物作为锂离子电池的负极材料时，首次放电和充电比容量分别为 1282mA·h/g 和 806mA·h/g，循环 50 次后仍保持 624 mA·h/g 的可逆容量。有趣的是，初始充电比容量远远高于理论比容

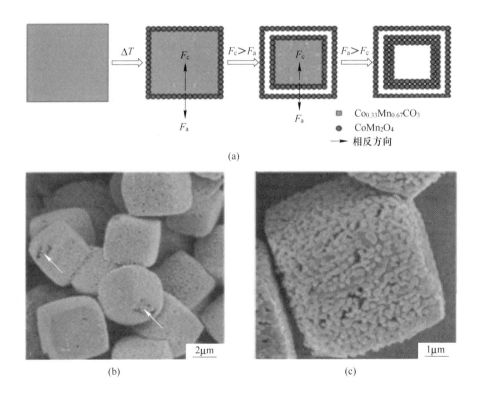

(a)

(b)   (c)

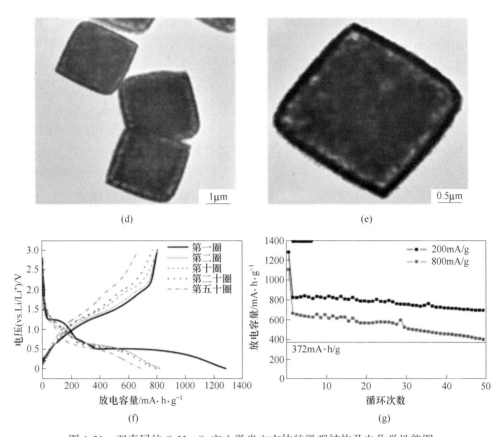

图 1-31 双壳层的 $CoMn_2O_4$ 空心微米立方体的微观结构及电化学性能图

（a）$CoMn_2O_4$ 空心微米立方体形成机理；（b）（c）$CoMn_2O_4$ 空心微米立方体扫描电镜图；

（d）（e）$CoMn_2O_4$ 空心微米立方体透射电镜图；

（f）$CoMn_2O_4$ 空心微米立方体作为锂离子负极材料的循环伏安图［电压范围（vs. Li/Li^+）0.01~3.0V］；

（g）$CoMn_2O_4$ 空心微米立方体作为锂离子负极材料的循环伏安图

量，这一现象的发生是基于 Co 原子和 Mn 原子分别氧化为 CoO 和 MnO，对应的方程式为：

$$3Li_2O + 2Mn + Co \rightleftharpoons 6Li^+ + 2MnO + CoO + 6e^- \tag{1-5}$$

额外的可逆容量归因于 SEI 膜的形成与溶解。相比于氧化物负极材料，硫化物负极材料由于在充放电过程中形成 Li_2S_x（$1 \leqslant x \leqslant 8$），$Li_2S_x$ 易溶于电解液降低了电极的电导率，另一方面在充放电过程中由于体积变化导致电极材料的结构崩塌降低电极材料的活性，这在一定程度上限制了硫化物负极材料的发展。

Song 等利用简单的溶剂热法合成 C 插层 FeS 微米球。Fe-S-C 电极呈现优异的电化学性能，如图 1-32（a）~（c）所示，图 1-32（a）中明显的电压平台在1.3V 处，对应于 FeS 与 Li 的电极反应生成 Fe，Li_2S 和富 Li 相。另外的平台位于

0.8V 和 0.2V 处，但第一次循环后此平台消失归因于在电极表面形成的 SEI 膜，电极的循环伏安图［见图 1-32（c）］呈现三个还原峰分别在 1.3V、1.0V 和 0.35V 处和两个氧化峰分别在 1.9V 和 2.3V 处，其中 0.35V 的还原峰对应于 SEI 膜的形成。1.9V 和 2.3V 处的氧化峰对应于 Li_2FeS_2 和 $Li_{2-x}FeS_2$（$0<x<0.8$）的形成，1.4V 处的氧化峰对应于 Li 与 $Li_{2-x}FeS_2$ 的反应。Fe-S-C 电极［见图 1-32（c）］的首次充放电比容量分别为 958mA·h/g 和 1564mA·h/g，对应的库仑效率为 61.2%，归因于 SEI 膜的形成，从第一次循环后，库仑效率提高到 95% 以上，循环到 50 次后，可逆容量仍为 736mA·h/g，每圈容量的衰减率仅为 0.5%，并且电极材料的微观结构保持良好，如图 1-32（d）所示。Fe-S-C 电极优异的电化学性能归因于以下几点：FeS 晶体颗粒尺寸小（约 22nm）可降低由于体积变化导致的性能下降；C 独立的分层结构提高电极表面与电解液的湿润度；纳米片包裹的 FeS 晶体，可降低 FeS 晶体与电解液的接触，降低充放电过程中生成的 Li_2S 和 Li_xFeS_2（$0.5<x<0.8$）与电解液的接触，降低生成物的溶解；C 层优异的稳定性和电导率等。

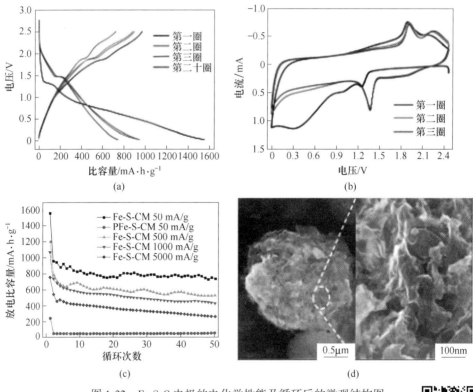

图 1-32 Fe-S-C 电极的电化学性能及循环后的微观结构图
（a）Fe-S-CM 电极的充放电曲线（电流密度 50mA/g）；
（b）Fe-S-CM 电极的循环伏安图（电压范围 0.01~2.5V，扫描速度 0.1mV/g）；
（c）Fe-S-CM 电极和 PFe-S-CM 电极在不同电流密度下的循环性能图；
（d）循环 50 次后，Fe-S-CM 电极的扫描电镜图

图 1-32 彩图

Liu 等通过静电纺丝和溶剂热反应相结合的方法合成高柔性的多孔碳纳米纤维 PCNF@ MoS_2 同轴纤维膜，如图 1-33 （a）~（f）所示。通过一维纳米纤维和二维纳米片的巧妙构造（形成机理如图 1-34 所示），分层的三维纳米结构可以有效地防止 MoS_2 颗粒的聚集，并提供了一个开放的结构。通过对复合结构中膜与核含量的探讨，得到最优的含量组合 PCNF-20@ MoS_2-10 纤维膜，最优纤维膜充作锂离子电池的负极材料呈现优异的循环性能，如图 1-33 （g）和（h）所示，当电流密度增加到 1A/g 时，初始放电比容量为 1532mA·h/g，远远高于同物质的其他结构材料。

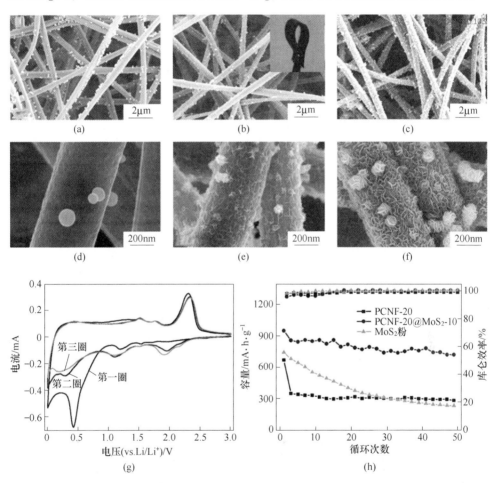

图 1-33　PCNF-20@ MoS_2-5 的微观结构及电化学性能图
（a）（d）PCNF-20@ MoS_2-5 低倍和高倍扫描电镜图；
（b）（e）PCNF-20@ MoS_2-10 低倍和高倍扫描电镜图；
（c）（f）PCNF-20@ MoS_2-20 低倍和高倍扫描电镜图；
（g）PCNF-20@ MoS_2-10 作为锂离子电池的负极材料的循环伏安图
（扫描速度 0.1mV/s，电压范围 0.01~3V）；
（h）PCNF-20@ MoS_2-10 的循环性能图

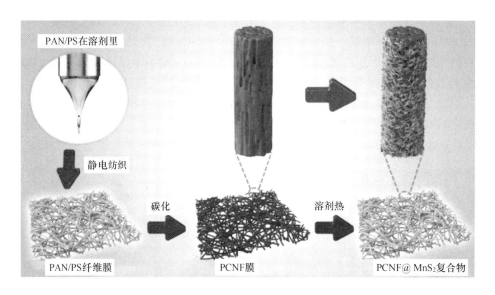

图 1-34　静电纺 PCNF@ MnS₂芯/鞘纤维膜的制备原理图

　　Zhang 等利用气相沉积方法在 3D 石墨烯网络结构中沉积 MoS₂ 片层复合物。复合结构的微观结构如图 1-35 （a） 和 （b） 所示。复合结构制作锂离子电池的负极材料呈现优异的电化学性能，如图 1-35 （c） 和 （d） 所示，图 1-35 （d） 中，当电流密度增加到 4A/h 时，10 次循环后仍能保持 466mA · h/g 的放电比容量，当电流密度从 1A/h 下降到 0.1A/h 时，复合材料电极仍能释放 755mA · h/g 的比容量。图 1-35 （c） 为复合材料电极在充放电过程中的物相变化，从图中可以看出，第一圈扫描中存在两个阴极峰分别位于约 0.3V 和约 0.8V 处，其中约 0.8V 处对应于 Li$_x$MoS₂ 的形成过程，约 0.3V 处对应于可逆反应过程，从第二次扫描开始，这两个峰消失但同时在约 1.7V 和约 1.2V 处出现两个阴极峰，在约 2.1V 和约 2.5V 处出现两个阳极峰归因于可逆的锂化和去锂化过程。

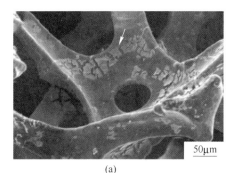

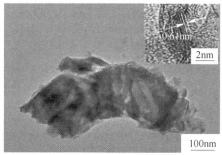

(a)　　　　　　　　　　　　　　　　　　(b)

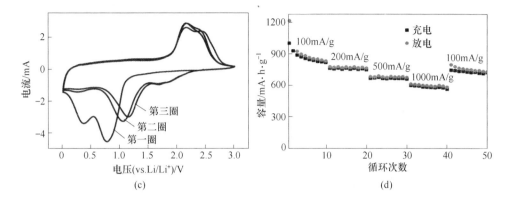

图 1-35 MoS₂/3DGN 复合物的微观结构及电化学性能图

（a）MoS₂/3DGN 复合物的扫描电镜图；（b）MoS₂ 碎片的透射电镜图；

（c）MoS₂/3DGN 复合物充作锂离子负极材料的循环伏安图

（电压范围 0.01~3V，扫描速度 0.5mV/s）；

（d）MoS₂/3DGN 复合物电极在不同电流密度下的循环性能图

1.4 锂电池正负极关键材料的研究进展

锂离子电池技术在可再生能源方面的应用，很大程度上依赖于电极材料的成本、安全性、循环寿命和容量，而这些由材料的组分和结构决定。因此，选择合适的材料成分，合成理想的微观结构成为现阶段乃至将来需要探究和改善的方面，虽然锂电池材料性能在理论和实际生产方面都改善了很多，但仍面临着巨大的挑战。

1.4.1 V_2O_5作为锂离子电池正极材料的研究进展

五氧化二钒作为 LIB 的正极材料，已经研究了近 30 年，到现在仍是研究最深入的电极材料。V_2O_5晶体为正交晶系，属（$Pmmn$）空间群。V 原子与 5 个 O 原子形成 5 个 V—O 键，组成一个畸变的三角形双锥体。

层状的 V_2O_5正极材料，其脱嵌方程式如下：

$$V_2O_5 + xLi^+ + xe^- \Longleftrightarrow Li_xV_2O_5 \qquad (1-6)$$

当 $x < 0.01$ 时，形成 $\alpha\text{-}Li_xV_2O_5$；当 $0.35 < x < 0.7$ 时，$\alpha\text{-}Li_xV_2O_5$转化为 $\varepsilon\text{-}Li_xV_2O_5$；在物相转变过程中，只发生了微弱的层间变形。$0.9 < x < 1$ 时，

生成 δ-V_2O_5；当 $x>1$，δ-V_2O_5 不可逆的转化为 γ-V_2O_5。充电过程，物相变化正好相反。正极材料普遍存在较低的比容量这个劣势，理论容量在 294mA·h/g 的 V_2O_5 作为 LIB 正极材料就是一个理想的选择，V_2O_5 在充放电过程中满足 Li^+ 的脱嵌机制，机制要求电极材料尽量是层状的、中空的、多孔的稳定结构。Li^+ 在其中穿梭自由，而且有尽量多的 Li^+ 到达电极。为了达到目标，近年来做了如下努力：一是合成简单的 1D、2D 纳米材料；二是复合材料的构筑；三是合成复杂的内部中空 3D 形貌，利于锂离子的脱嵌，这种方法是近年来普遍采用的方法。Ganganagappa Nagaraju 等在 HCl/H_2SO_4 体系内，低温水系内反应两天，得到 40~200nm 厚的纳米带［见图 1-36（a）~（e）］，纳米带电化学性能优良。南开大学陈军课题组采用水系的 V_2O_5 为原料，加入非离子表面活性剂溶剂热反应 16~48h，得到 $H_2V_3O_8$ 的前驱体［见图 1-36（f）］，然后煅烧前驱体得到约 100μm 单晶的 V_2O_5 纳米线，纳米线的电化学性能优异。

(a)

(b)

(c)

(d)

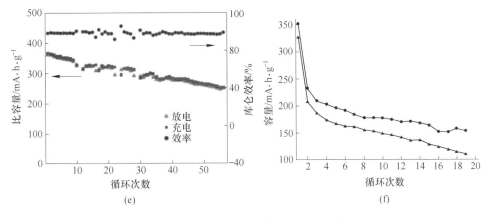

图 1-36　V₂O₅不同纳米结构及电化学性能图

（a）~（e）V₂O₅纳米带的 FESEM 图和电化学性能图；

（f）V₂O₅纳米线的电化学性能图

楼雄文课题组的潘安强等把草酸氧钒加入异丙醇中，进行不同高温溶剂热反应，经过几次奥氏熟化过程得到不同壳层蛋黄壳的 VO_2 微米空心球 ［见图 1-37（a）~（c）］，然后对前驱体进行高温煅烧得到蛋黄壳的 V_2O_5 空心微米球。微米球作为 LIB 正极材料，电压范围（vs. Li/Li⁺）为 2~4V，在电流密度为 300mA/g时，Li⁺在其中来回脱嵌 50 次后，得到的放电比容量仍为 227mA·h/g，容量保持率为 89%。潘安强采用同样的两步反应方法，把三异丙醇氧钒加入异丙醇内进行高温溶剂热反应后再经煅烧，得到粒径在 2~3μm 的片状组装的微米花 ［见图 1-37（d）~（f）］。性能显示，得到的微米花在 300mA/g 的电流密度下，初始放电比容量接近于理论容量，循环 100 圈后，可得到 211mA·h/g 的放电比容量，每圈的容量衰减率仅为 0.27%。V_2O_5 微米结构在低倍率的条件下，循环比容量和循环稳定性都良好。但 3D 的 V_2O_5 微米结构在高倍率下的比容量以及循环稳定性还需进一步的改良。

（a）

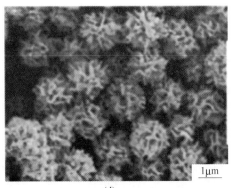

（d）

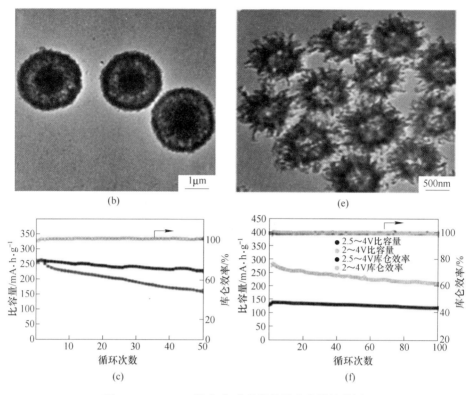

图 1-37 3D V_2O_5 微米球/花的结构及电化学性能图

(a)~(c) V_2O_5 蛋黄壳微米球的结构及电化学性能图;

(d)~(f) V_2O_5 微米花的物相、形貌图和电化学性能图

北京大学的杨文胜课题组把商用的片状石墨和商用 V_2O_5 在氧化剂 H_2O_2 的作用下, 水系内高温 5 天, HVO_3 颗粒长成纳米线 [见图 1-38 (a)~(c)], 石墨片层剥落为石墨烯作为纳米线生长的模板。V_2O_5/石墨烯纳米线 [见图 1-38 (a)~(c)] 复合结构在 50mA/g 的电流密度下, 初始放电比容量为 412mA·h/g, 即使电流密度增加到 1600mA/g 时, 仍可得到 316mA·h/g 的比容量。德国马普所 Joachim Maier 课题组将合成的碳双层纳米管浸渍在草酸氧钒的溶液中, 经过高温煅烧得到 V_2O_5/CTIT 复合结构 [见图 1-38 (d) 和 (f)], 呈现优良的电化学性能, 但在高倍率下, 放电比容量稍低。

Kong 等利用静电纺织和气相沉积相结合的方法合成 V_2O_5 纳米片, 纳米片原位沉积成核, 石墨碳卷曲成空心管包覆其外的纳米电缆结构的 V_2O_5@G 复合结构, 如图 1-39 (a) 和 (b) 所示, 石墨碳壁厚约 5nm, V_2O_5 均匀地嵌入单个纳米电缆中, 电缆交织成独立和灵活的网。首次制造 V_2O_5@G 柔性锂离子电池, 呈现优异快速稳定的 Li^+ 储能性能, 如图 1-39 (c) 和 (d) 所示, 在 0.1C 的可

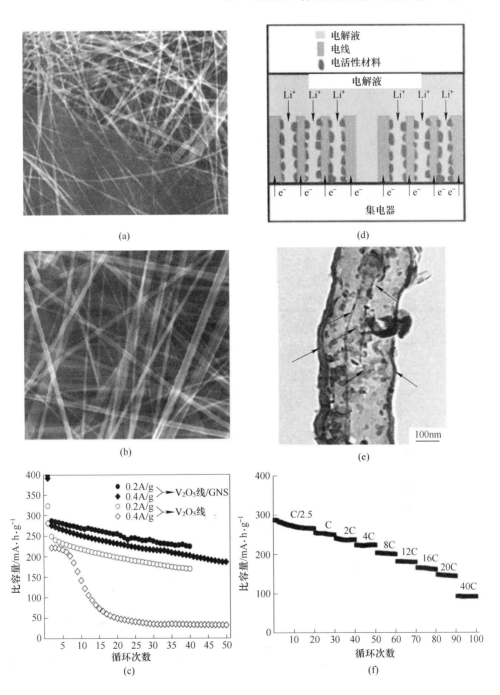

图 1-38 V₂O₅复合结构的扫描电子显微镜照片及电化学性能曲线图

(a)~(c) V₂O₅/石墨烯纳米片复合结构的 FESEM 图和电化学性能图；

(d)~(f) V₂O₅/CTIT 复合结构的 FESEM 图和电化学性能图

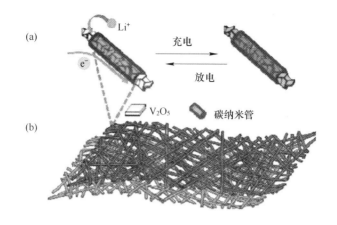

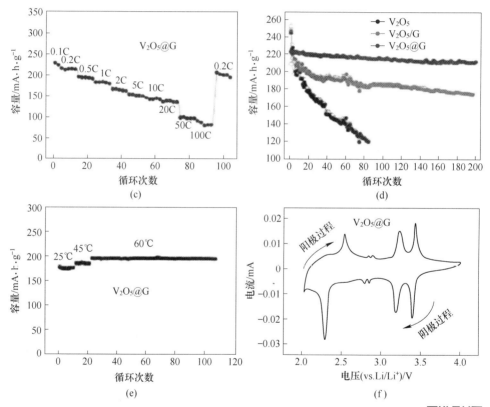

图 1-39　V₂O₅@G 膜的电缆交织结构图及电化学性能图

（a）V₂O₅均匀封装在石墨纳米管中的单纳米电缆示意图；

（b）纳米电缆交织的自支撑柔性 V₂O₅@G 膜结构示意图；

（c）V₂O₅@G 膜在不同电流密度下的循环性能图；

（d）V₂O₅@G、V₂O₅/G、纯 V₂O₅的循环性能图（倍率 0.5C）；

（e）V₂O₅@G 膜在不同温度下的循环性能图；

（f）V₂O₅@G 膜第一圈扫描的循环伏安图（扫描速度 0.1mV/s）

图 1-39 彩图

逆容量为 224mA·h/g，在 30A/g（100C）的大电流密度下的容量也高于 90mA·h/g，即使循环 200 次也保持稳定的循环性能，循环容量的衰减率仅仅为 0.04%，电化学性能远远高于 V_2O_5 非原位沉积的 V_2O_5/G 复合结构。$V_2O_5@G$ 复合结构电极，当环境温度从 25℃增加到 60℃时，如图 1-39（e）所示，在 1C 的电流密度下，可逆容量明显从 200mA·h/g 增加大 220mA·h/g，容量的增加归因于在较高温度下 Li^+ 在电极中的扩散率显著增强。图 1-39（f）为 V_2O_5/G 复合电极的循环伏安图，从图中看出复合电极在充放电过程中的氧化还原峰尖锐并且峰的位置与文献报道一致，在 3.4V 处的第一还原峰对应于 $\alpha\text{-}V_2O_5$ 转化为 $\varepsilon\text{-}Li_{0.5}V_2O_5$，位于 3.2V 和 2.3V 的还原峰分别对应于 $\delta\text{-}LiV_2O_5$ 和 $\gamma\text{-}Li_2V_2O_5$ 的形成。

Zhong 等通过静电相互作用和真空过滤构建无黏结剂层的 V_2O_5 纳米球（VOPs）与多壁碳纳米管（MWCNT）的复合体系材料，如图 1-40（a）~（c）所示，将带正电的 V_2O_5 纳米球与带负电的多壁碳纳米管交替制备成一层一层的复合纸，VOPs 完全限制在 MWCNT 之间，这样可以作为电流收集器，避免在循环过程中，与导电的 MWCNT 失去电接触，此外，MWCNT 层还可以作为结构缓冲层来缓解机械应力，防止聚集，从而很好地保持电极的结构和电气完整性。复合材料的恒流充放电分布图如图 1-40（d）所示，结果显示在 3.3V、3.1V 和 2.5V 分别检测到稳定的电压平台，对应于 Li^+ 嵌入和脱出的物相变化，这与循环伏安的氧化还原峰的位置一致。电化学阻抗是一项简单和通用的测试手段，主要是检测电池内发生的各种反应，检测到的高中频半圆对应于固体电解质钝化膜（SEI）的形成以及电极表面的电容，而中低频半圆对应于电荷转移以及电极-电解质的界面电容，低频区 45°的倾斜垂直线对应于锂扩散相关的动力学信息。图 1-40（e）为复合电极和 VOPs 电极的阻抗性能，结果显示复合电极的半圆明显小于 VOPs 电极的半圆，源于复合电极优异的电子传输能力和其电解质优异的电导率。复合电极在充放电过程中 V_2O_5 纳米球在相邻的纳米管层之间紧密嵌入，从而减少不利的空隙，并提高了复合电极的整体导电性。

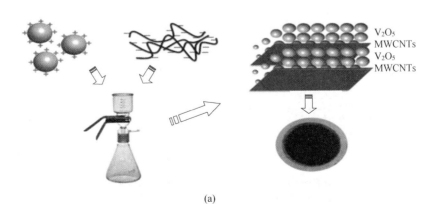

(a)

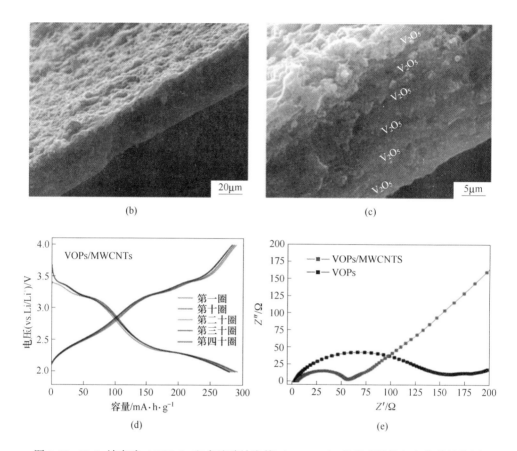

图 1-40 V_2O_5 纳米球（VOPs）和多壁碳纳米管（MWCNT）的微观结构与电化学性能图

（a）VOPs 和多壁碳纳米管 MWCNT 层纳米结构的示意图；

（b）（c）VOPs 和 MWCNT 层纳米结构的扫面电镜图；

（d）复合材料的恒流充放电分布图，（倍率 0.1C）；

（e）复合材料与纯 V_2O_5 纳米球的阻抗图

1.4.2 Co_3O_4 作为锂离子电池负极材料的研究进展

Co_3O_4 微纳米结构材料，输出电压比较低（0.01~3V），是 LIB 典型的负极材料。在充放电过程中，虽没有可供锂离子嵌入的孔隙，但由于 Co_3O_4 中的 Co 化合价最高，容易得失电子，发生氧化还原过程实现 Li^+ 在其中的"摇椅式"移动，其具体过程如下：

$$Co_3O_4 + 8Li^+ + 8e^- \rightleftharpoons 3Co + 4Li_2O \qquad (1-7)$$

在充电过程中，Co_3O_4 被还原成纳米金属单质 Co，同时单质 Li 氧化成 Li_2O，产生电流。在放电过程中，单质 Co 被氧化生成 Co_3O_4，Li_2O 重新还原为 Li 单质。首次充电产生的纳米金属颗粒粒径为 2~8nm，具有高度的电化学活性，反应容易可逆发生。氧化还原型金属氧化物都有较高的储锂容量，比容量一般在 400~100mA·h/g 范围内，而且具有不错的循环性能，但并不是所有纳米金属和 Li_2O 都能完全可逆地转化，部分无法转变成锂而脱出，加上首次充电在电极表面沉积形成的 SEI（solid electrolyte interface）膜造成锂的损失，造成氧化还原型金属氧化物负极材料有较大的不可逆容量损失。因此，实现 Li^+ 的完全可逆转化，降低 Li^+ 在充放电过程中的损失是目前要解决的问题。为了达到此目的，科研工作者进行了以下方面的改进：一是合成管状以及疏松的微纳米材料，但纯相的氧化物材料容易出现比容量衰减情况；二是通过碳包覆合成复合材料，改善材料的内部结构。

美国康奈尔大学的 Lynden A. Archer 课题组利用简单油浴回流的方式首先得到沿（001）晶面生长的针状 β-Co(OH)$_2$，然后煅烧前驱体，由于可肯达尔效应的影响生成了沿（111）晶面生长的针状 Co_3O_4 纳米管 [见图 1-41（a）和（b）]，纳米管在电压（vs. Li/Li$^+$）0.01~3V 的范围内，电流密度为 50mA/g 时的初始放电比容量为 950mA·h/g [见图 1-41（c）]。即使循环 30 圈后，仍可以保持 918mA·h/g 的比容量，容量衰减率仅为每圈的 0.1%。新加坡国立大学增华春课题组在 NaCl 和尿素的作用下利用一步简单的溶剂热过程合成粒径为 50~100nm，数十个微米长的纳米线通过奥氏熟化（Ostwald ripening），得到纳米线组装的花状的 Co(CO$_3$)$_{0.5}$(OH)·0.11H$_2$O 前驱体，详细探讨了原料的摩尔比、添加剂、溶剂热的时间和温度对形貌控制的影响。前驱体在空气中热分解生成形貌可保持的 Co_3O_4 纳米线，如图 1-41（d）和（e）所示。在 C_2H_2 气体的还原下四面体结构的 Co_3O_4 纳米线转化成八面体结构的 CoO@C 的纳米线，其中 C_2H_2 充作碳源和还原剂。CoO@C 的纳米线作为锂离子电池的负极材料呈现优异的电化学性能，如图 1-41（f）所示，电化学性能显示，其在充放电过程中经历了 Co_3O_4-CoO-Co 的氧化还原过程以及逆过程，充放电的初期，由于 SEI 膜的形成，首次充放电效率不高，但随着充放电的进行，放电比容量出现先增加后降

(a)

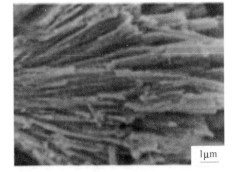

(d)

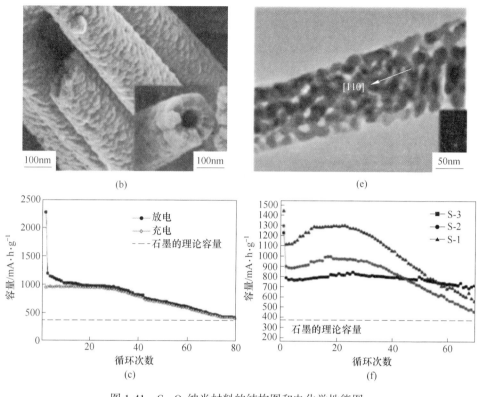

图 1-41　Co_3O_4 纳米材料的结构图和电化学性能图

（a）~（c）Co_3O_4 纳米管的扫描电镜图和电化学性能图；

（d）~（f）Co_3O_4 和 CoO@C 纳米线的形貌和电化学性能图

低的趋势，特别是对比试样的充放电趋势现象更为明显。Co_3O_4 纳米线具有相对较高的初始充放电比容量，但循环稳定性弱，CoO@C 纳米线初始比容量不是很高，但循环稳定性优良。

　　Yang 等利用超声辅助原料沉积在碳纳米管的方法合成多孔 Co_3O_4 纳米管，超声后的前驱体为无定形体，经过简单的高温烧结生成目标产物-多孔 Co_3O_4 纳米管，纳米管由粒径为 5~10nm 的纳米颗粒组成，微观结构如图 1-42（a）和（c）所示，沉积物均匀分布在碳纳米管的表面。图 1-42（b）为多孔 Co_3O_4 纳米管作为锂离子电池正极材料的循环伏安图，第一次放电曲线不同于第二次、第三次，只在 0.4V 处有一处还原峰对应于 Co_3O_4 的不可逆分解。第二次、第三次放电曲线适用于两个完整的多步氧化还原反应，而在阳极极化过程中，在 2.2V 左右记录了一个峰值，对应于 Co^0 氧化为 Co^{3+}。图 1-42（d）为多孔 Co_3O_4 纳米管作为锂离子电池正极材料第一次、第十次、第二十次的放电曲线，可以看出，第一次电势放电时，锂反应存在两个放电斜率，这与之前的报道一致。在第十次、第二十次的循环中，在 0.7~1.3V 的范围内只有一个放电斜率，放电容量小。电极在第一次、第十次、第二十次循环中放电容量分别为 1918mA·h/g、1269mA·h/g、1131mA·h/g。

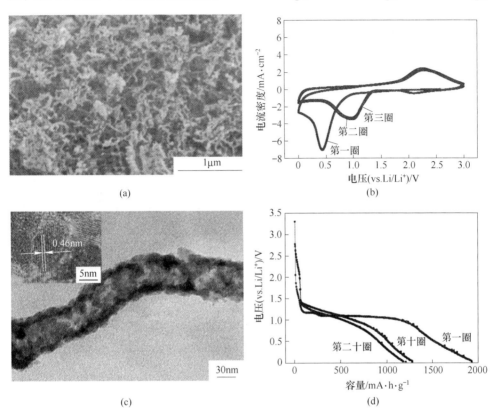

(a)

(b)

(c)

(d)

图 1-42　多孔 Co_3O_4 纳米管的结构和电化学性能图

（a）Co_3O_4 纳米管的扫描电镜图；

（b）Co_3O_4 纳米管前三次的循环伏安图（扫描速度 0.5mV/s，室温 20℃）；

（c）Co_3O_4 纳米管的透射电镜图；

（d）多孔 Co_3O_4 纳米管的第一、第十、第二十圈的放电曲线图（电流密度 50mA/g，室温 20℃）

中国科学院的王丹教授课题组采用牺牲碳微米球的方式，通过改变水/乙醇的体积比来调节目的产物的壳层数量，当水/醇体积比分别为 100%、50%、25% 时分别得到单层、双层、三层的微米空心球［见图 1-43（a）］，当水/醇体积比为 25% 时，增大钴离子的浓度可得到四层的微米空心球。四组形貌的试样在 0.01~3V 的电压范围内，电流密度为 50mA/g 时，三层壳的循环比容量要优于其他三组［见图 1-43（c）］，即使循环 30 圈后，仍可得到 1516.8mA·h/g 的放电比容量。韩国建国大学的 Kangyunchan 课题组利用硝酸钴和葡萄糖为原料配制成水溶液通过简单的喷雾热裂解法在不同温度下（800℃、900℃、1000℃）制备多

层的 Co_3O_4 粉末如图 1-43（b）所示。当裂解温度为 900℃，得到单层的蛋黄壳微米球，此微米球在 3500mA/g 的电流密度下，循环稳定性优于其他两组试样，循环 50 圈后，放电比容量可保持在 603mA·h/g 左右，而且充放电后结构形貌基本没什么变化。增加电流密度到 10000 mA/g 时，可得到初始的放电比容量为 548mA·h/g，如图 1-43（d）所示。

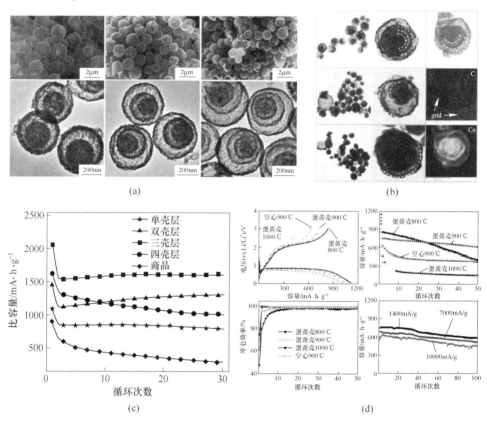

图 1-43　Co_3O_4 微米材料的形貌及电化学性能图

（a）（c）多层 Co_3O_4 微米空心球和电化学性能图；
（b）（d）介空多层核壳的 Co_3O_4 微米材料的 SEM 图和电化学性能图

Chen 等在不同温度下（450℃、550℃、650℃、750℃和850℃）煅烧笼状普鲁士蓝配合物的前驱体，利用钴基纳米颗粒的热分解制备 Co_3O_4 纳米颗粒，微观结构如图 1-44（a）所示，纳米颗粒的形成过程如图 1-44（c）所示，随着煅烧温度的提高，目标产物的结晶度逐渐增加，孔隙率先增加后减少，在 550℃时，目标产物的笼状结构仍保持，比表面积最大（31.9m²/g）并且孔径为 3~9nm，利于 Li⁺的脱嵌。Co_3O_4 纳米颗粒充作锂离子电池正极材料，S550 电极释放 1109mA·h/g 的初始容量，并在 30 次循环后保持可逆容量为 970mA·h/g，是所有样品中最好的，优异的性能超过了 890mA·h/g 的理论容量，归因于优异的结构。

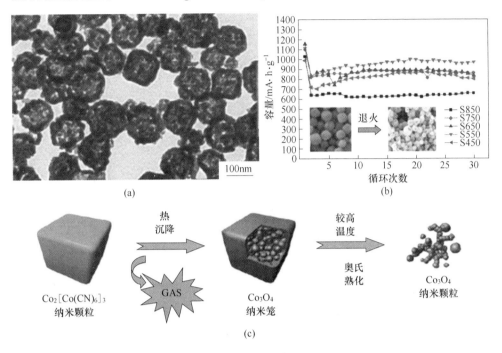

图 1-44 Co_3O_4 纳米颗粒的结构和电化学性能图

（a）Co_3O_4 纳米颗粒的透射电镜图；

（b）不同煅烧温度下制备的 Co_3O_4 纳米颗粒的循环性能图（电流密度 50mA/g）；

（c）Co_3O_4 纳米颗粒的形成机理图

1.4.3 钒钴系复合材料作为锂离子电池负极材料的研究进展

纯相的过渡金属氧化物，由于本身材料的局限性，在很大程度上限制了材料在储锂方面的应用。V_2O_5 微纳米材料作为 LIB 正极材料呈现了高的比容量以及良好的循环稳定性；Co_3O_4 微纳米材料作为 LIB 负极材料也具有较高比容量的优势，但由于 V_2O_5 材料和 Co_3O_4 材料充当不同的电极材料，充放电机理不匹配，因此，V_2O_5-Co_3O_4 复合氧化物材料在理论上不适合充当电池材料。为了发挥这两种过渡金属元素在锂电池方面的优势，E. Baudrin 合成了一系列钒钴复合材料，如 α、β、γ-$Co(VO_3)_2$，$Co_2V_2O_7$·$3.3H_2O$，$Co_3(VO_4)_2$·$12H_2O$，$(NH_4)_2Co_2V_{10}O_{28}$·$16H_2O$ 等，而且验证了钒钴复合材料具有电化学活性和较高的比容量。但由于对钒钴复合材料在充放电过程中的具体反应机理理解得不够深入，因此在很大程度上限制了其作为电池材料的研究进程和可能潜在的应用。但其材料本身的优势，近年来又吸引了广泛的关注。

山东大学的熊胜林课题组在不同 OH^-/NH_4^+ 摩尔比的条件下，采用一步简单的水热反应合成空心六角棱柱铅笔状的 $Co_3V_2O_8 \cdot nH_2O$ 微米结构［见图 1-45（a）］。六棱柱体在 0.5A/g 的电流下，循环 255 圈后，仍能保持 847mA·h/g 的

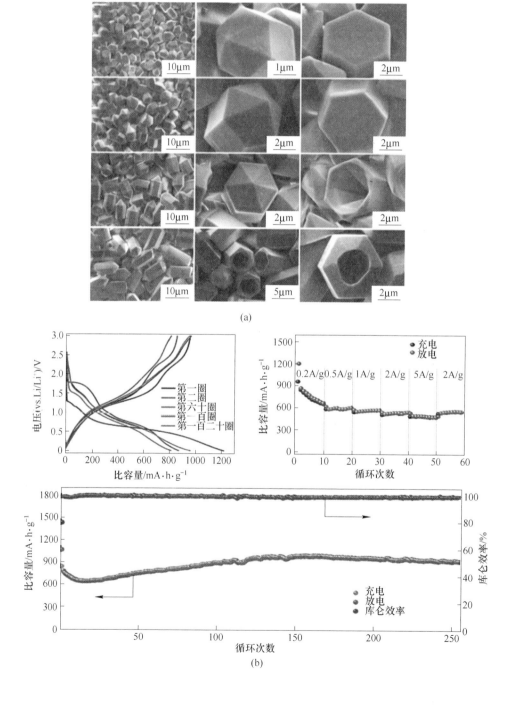

(a)

(b)

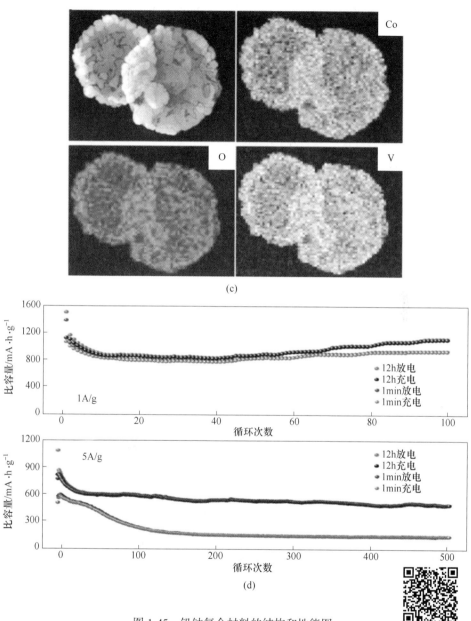

图 1-45 钒钴复合材料的结构和性能图

(a)（b）空心 $Co_3V_2O_8 \cdot nH_2O$ 六棱柱体的 FESEM 图和电化学性能图；
（c）（d）$Co_3V_2O_8$ 纳米片的形貌图和电化学性能图

放电比容量［见图 1-45（b）］。中山大学王成新课题组采用简单的水热反应和随后的高温煅烧过程得到形貌规整的单一相的 $Co_3V_2O_8$ 纳米片复合材料［见图 1-45（c）］。

此种材料在 5A/g 的大电流下，循环 500 圈后，比容量仍能保持在 470mA·h/g［见图 1-45（d）］。

除了复合 $Co_3V_2O_8$ 氧化物，钒钴氧化物还有单一相的 $Co(VO_3)_2$、$Co_2V_2O_7$ 等复合物。CoV_2O_6 有不同晶相（α、β 和 γ 相），E. Baudrin 等研究表明了 α 相的 CoV_2O_6 电化学性能最优。不同晶相的钒钴复合氧化物材料，在充放电过程中的物相转化变化不大，三峡大学的杨学林课题组详细讨论了 CoV_2O_6 发生的多步氧化还原的充放电过程，其具体过程如下：

充电过程：

第一步：　　$2Li^+ + 2e^- + 3CoV_2O_6 \longrightarrow Co_3V_2O_8 + 2LiV_2O_5$　　　　(1-8)

第二步：　　$xLi^+ + xe^- + Co_3V_2O_8 \longrightarrow 3CoO + LiV_2O_5$　　　　　(1-9)

第三步：　　　　$CoO + 2Li^+ + 2e^- \longrightarrow Co + Li_2O$　　　　　　(1-10)

放电过程正好是逆过程。

多步反应一方面产生多余的锂的不可逆损失，另一方面多步反应进行不完全，导致充放电效率下降。湖北三峡大学杨学林课题组采用在水热反应中加入葡萄糖，然后对前驱体进行高温煅烧，得到两相的 CoV_2O_6 以及包含 V_2O_5 的复合纳米棒（见图 1-46）。此混合相在 0~3V 电压（vs. Li/Li$^+$）下，电流密度增加到 110mA/g 时，循环 100 圈后，得到充放电比容量分别为 665mA·h/g 和 670mA·h/g，而且作者还详细讨论了充放电过程中的氧化还原过程。但 CoV_2O_6 的具体物相没有详细介绍，而且不能保证纯相 CoV_2O_6 的生成。

综上，V_2O_5 微纳米材料作为锂离子电池材料测试性能，在 300mA/g 的电流密度下，循环 100 圈左右，大约得到 211mA·h/g 的比容量，但在高于 3C 的倍率下，比容量大约只能维持在 160mA·h/g 左右。Co_3O_4 微纳米材料作为锂电池负极材料测试性能，在 110mA/g 的电流密度下，循环 30 圈左右，比容量保持在 680mA·h/g 左右，在 2C 或高于 2C 的倍率下，大约能得到 500mA·h/g 的比容量。目前对钒钴系复合材料研究不多，钒钴系复合材料包括 $Co_3V_2O_8$、$Co_2V_2O_7$ 以及 CoV_2O_6 等，作为锂电池负极材料测试其性能，结果显示，$Co_3V_2O_8·nH_2O$ 在 500mA/g 的电流密度下，255 圈之后可得到 847mA·h/g 的放电比容量，性能佳。对纯相 CoV_2O_6 微纳米的电化学性能研究未报道，三峡大学的杨学林课题组只探讨了 CoV_2O_6/NG 的电化学性能，在 110mA/g 的电流密度下，循环 100 圈后得到 670mA·h/g 的放电比容量，高倍率的性能未说明，只是重点讨论了在充放电过程中的物相变化。

因此，提高 V_2O_5 材料在高倍率下的比容量以及充放电的稳定性、增强 Co_3O_4 材料充放电的稳定性以及探讨 CoV_2O_6 复合氧化物材料不同晶相合成的条件和提高在高倍率下的循环稳定性能是本书研究的重点。

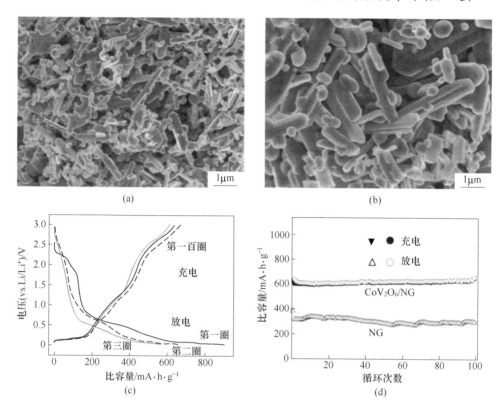

图 1-46 CoV_2O_6 和 V_2O_5 包碳复合纳米棒的 FESEM 图和电化学性能图

（a）（b）CoV_2O_6 和 V_2O_5 包碳复合纳米棒的扫描电镜图；

（c）CoV_2O_6 和 V_2O_5 包碳复合纳米棒的电压-容量图；

（d）CoV_2O_6 和 V_2O_5 包碳复合纳米棒的循环图

1.5 本书主要研究内容、创新点

本书采用多元醇（乙二醇）协助的无模板溶剂热法，合成不同的 LIB 正/负极材料，具体内容包括：

（1）以乙酰丙酮氧钒为原料，探讨自制原料直接高温烧结得到的试样形貌、物相以及电化学性能情况。

（2）把制得的 $VO(acac)_2$ 加入乙二醇中进行高温溶剂热反应，探讨不同原料含量对前驱体和煅烧后试样的物相、形貌的影响，然后对烧结后试样的电化学性能比较确定最佳性能的原料含量。为了进一步优化试样性能，改变了溶剂热反应时间，得到不同结构的产品。通过电化学性能分析，达到了改善材料稳定性和高倍率下循环的目的。

(3) 采用两步实验过程，制备了多壳层的微纳米结构的电池材料，首先探讨原料种类的变化对前驱体物相、形貌的影响，根据最佳性能确定原料的种类。为了优化实验条件达到改善材料性能的目的，以 $Co(NO_3)_2 \cdot 9H_2O$ 为原料，乙二醇为溶剂，探讨不同的反应时间对前驱体物相和形貌的影响，并且对试样可能的形成机理进行详细的探讨，通过最佳利用性能的差异来确定最佳性能的溶剂热时间，实验条件的优化达到材料性能优化的目的。最后又简单地分析了多元醇溶剂种类的变化对试样物相、形貌和煅烧后试样电化学性能的影响。

(4) 复合材料的协同效应在很大程度上可以达到性能改善的目的，比较了 V/Co 不同的摩尔比对钒钴复合材料前驱体物相、结构的影响以及对煅烧后试样的物相、结构以及电化学性能的影响。

创新点：

(1) 采用乙二醇协助的无模板法合成不同材料的微纳米结构材料；

(2) 利用简单两步法合成的片状组装的 V_2O_5 超大微米球，在 5C 的倍率下，循环 500 圈后，得到 $200mA \cdot h/g$ 左右的放电比容量；

(3) 利用不同溶剂热时间得到不同壳层的蛋黄壳微纳米球，并且详细讨论了不同结构的成型过程；

(4) 探讨 V/Co 不同摩尔比对钒钴复合材料前驱体物相和形貌的影响以及对煅烧后试样电化学性能的影响。

2 材料制备与表征方法

2.1 实验设备与原料

2.1.1 主要实验设备

实验过程中常用到的仪器、设备及其型号见表 2-1。

表 2-1 主要实验设备

序号	设　备	仪器规格	生产厂家
1	分析天平	New classic MS	METTLER TOLEDO
2	磁力搅拌器	85-1	巩义予华仪器有限责任公司
3	电热鼓风干燥箱	DHG-9023A	上海精宏实验设备
4	马弗炉	SG2-3-10	上海松友电阻炉
5	离心机	TGL-16C	上海安亭科学仪器厂
6	水热釜	50mL	自制
7	X 射线衍射仪	DX2700	丹东浩元
8	场发射扫面电子显微镜	JEM6700F	日本 JEOL 公司
9	透射电子显微镜	JEM-1011	日本 JEOL 公司
10	高分辨透射电子显微镜	JEM-2100	日本 JEOL 公司
11	X 射线光电子能谱仪	ESCAL AB 250X	塞默飞世尔科技有限公司
12	傅里叶红外变换光谱	FFIIR-650	苏州华美辰仪器有限公司
13	手套箱	MK4L-Advanced	中西远大科技有限公司
14	蓝电系统	L and CT-2001A	南京舔舔仪器设备有限公司
15	CT 工作站	LK2005A	南京舔舔仪器设备有限公司
16	离心机	CHI1760D	上海辰华
17	数控超声波清洗器	KO-100DB	昆山市超声仪器有限公司
18	能量色谱 X 射线能谱	QUANTA-FEG-250	3V 仪器有限公司

2.1.2 主要实验原料

实验需要的原料、溶剂以及各自的规格见表 2-2。

表 2-2 主要实验原料

药品名称	化学式或缩写	规 格	生产厂家
五氧化二钒	V_2O_5	分析纯	国药集团
偏钒酸铵	NH_4VO_3	分析纯	国药集团
乙酰丙酮	$C_5H_8O_2$	分析纯	国药集团
硝酸钴	$Co(NO_3)_2 \cdot 9H_2O$	分析纯	国药集团
醋酸钴	$Co(CH_3COO)_2 \cdot 4H_2O$	分析纯	国药集团
硫酸钴	$CoSO_4 \cdot 7H_2O$	分析纯	国药集团
乙酰丙酮氧钒	$VO(acac)_2$	分析纯	自制
乙二醇	$HOCH_2CH_2OH$	分析纯	国药集团
一缩二乙二醇	$HOCH_2CH_2OCH_2CH_2OH$	分析纯	国药集团
异丙醇	$CH_3CHOHCH_3$	分析纯	国药集团
铝箔	Al	电池纯	深圳福来顺
铜箔	Cu	电池纯	深圳福来顺
乙炔黑	C	电池纯	上海市昊化化工有限公司
聚偏氟乙烯	PVDF	电池纯	深圳科晶智达科技有限公司
N 甲基吡咯烷酮	NMP	分析纯	阿拉丁
锂片	Li	电池纯	天津中能
电解液	LiPF6/305 型	电池纯	深圳新宇邦
隔膜	PE	电池纯	Celgard 2400

乙酰丙酮氧钒的制备方法参照文献，其合成过程如下：3.64g 五氧化二钒和 50mL 的丙酮加入 100mL 的三颈烧瓶中，100℃油浴加热 24h，并且磁力搅拌。反应后，蓝色悬浊液自然冷却到室温，抽滤，无水乙醇溶液冲洗 4~5 次，直到滤液澄清，然后把收集的固体在 80℃的电热鼓风干燥箱中干燥 12h，最后把样品放到指定容器中作后续实验中的钒源。

利用上述方法得到的乙酰丙酮氧钒，其红外光谱图和结构式与参考文献一致，如图 2-1 和图 2-2 所示。

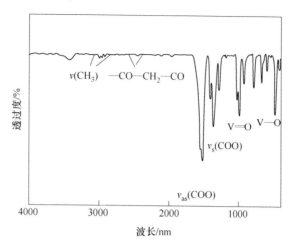

图 2-1　乙酰丙酮氧钒的红外光谱图

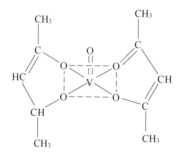

图 2-2　乙酰丙酮氧钒结构式

2.2　表征手段

表征手段包括：

（1）X 射线衍射分析法：物相分析，测试条件为：辐射源 Cu 靶 K_α（$\lambda = 1.5418 \times 10^{-10}$m），工作电压 40kV，石墨单色器，步宽 0.02°，连续扫描，扫描范围 2θ 为 8°~80°，扫描速度为 5°/min。

（2）形貌表征方法：

1）FESEM 表征：样品表面形貌的扫描观察，加速电压是 15kV，配套的是 EDX8300 型号的 EDS 分析仪。

2）TEM 表征：试样加入无水乙醇中超声分散均匀后，用镊子挟持铜网蘸取待测溶液 1~3 次，在高压下钨丝照射 20~30min。

（3）傅里叶红外变换光谱（FIIR）分析：基团分析，用 KBr 稀释固体样品，样品压片后测试。

（4）X 射线光电子能谱（XPS）分析：定性分析，固体样品压片后测试。

2.3 电化学性能测试

2.3.1 测试电池电极的制备

2.3.1.1 电池电极片的制备

（1）V_2O_5 做正极材料制备正极电极：按 V_2O_5：乙炔黑：聚偏四氟乙烯（PVDF）质量比为 70：20：10 的比例，均匀分散在适量 N-甲基吡咯烷酮（NMP）中，制成糊状浆料。然后，把浆料均匀涂覆在已用乙醇擦拭干净的铝箔上，接着在 80℃ 下空气干燥 12h。把干燥过的铝箔滚压后切成圆片，直径为 12mm，然后用分析天平准确称量以备后用。

（2）Co_3O_4 做负极材料制备负极电极：按 Co_3O_4：乙炔黑：聚偏四氟乙烯（PVDF）质量比为 50：30：20 的比例，把搅拌均匀的浆料均匀涂覆在已用乙醇擦拭干净的铜箔上，其他步骤同（1）。

（3）钒钴复合材料做负极材料制备负极电极：按钒钴复合材料：乙炔黑：聚偏四氟乙烯（PVDF）质量比为 70：20：10 的比例，把搅拌均匀的浆料均匀涂覆在已用乙醇擦拭干净的铜箔上，其他步骤同（1）。

2.3.1.2 隔膜的制备

采用 Celgard 2400 型号的锂离子电池隔膜，首先裁剪为直径 19mm 的圆片，然后加无水乙醇在超声清洗器超声 30min，60℃ 干燥备用。

2.3.1.3 泡沫镍的制备

裁剪泡沫镍，直径是 14mm 的圆片，加无水乙醇在超声清洗器中超声清洗后，烘干备用。

2.3.2 电池组装

扣式电池 CR2032，以锂片为参比电极和对电极，Celgard 2400 高分子薄膜为隔膜，1mol/L $LiPF_6$（溶剂为碳酸乙烯酯、碳酸甲乙酯、碳酸二甲酯混合溶液，其体积比为 1：1：1）为电解液，在充满氩气的手套箱里进行组装。

2.3.3　恒流充放电测试

电池的充放电测试是在 Land CT-2001A 测试系统上进行的，正极材料的测试电电压（vs. Li/Li$^+$）为 2~4V，负极材料的测试电压（vs. Li/Li$^+$）为 0.01~3V。测试内容为：恒流充放电循环、不同倍率下的充放电循环等。

2.3.4　循环伏安测试

在电化学工作站上测试不同正负极材料的循环伏安特性，正极材料电压范围为 2~4.0V，负极材料电压范围为 0.01~3V，正负极材料的扫描速度为 0.05mV/s，根据电化学性能研究循环的可逆性。

3 片状组装的 V_2O_5 超大微米球的制备及电化学性能研究

3.1 引　言

近年来，V_2O_5 微纳米材料由于具有较高的理论放电容量（294mA·h/g）和利于锂离子嵌入和脱出的结构特点被作为锂离子电池的理想材料得到了广泛的开发研究。然而，其固有的较低的 Li^+ 的扩散系数（$10^{-12}cm^2/s$）和较低的电导率（$10^{-2}s/m$ 到 $10^{-12}s/m$）在一定程度上限制了 V_2O_5 的应用。为了提高电化学性能，纳米尺寸的电极材料通过增强电极和电解液的接触面积以及降低锂离子和电子的扩散距离来提供较高的倍率能力受到广泛认可。遗憾的是纳米尺寸的结构在锂离子嵌入和脱出过程中容易出现结构的崩塌和颗粒的团聚，粒子团聚不但会造成颗粒和电解液的隔离，而且还能增强电极极化强度和电子扩散的阻力，很容易导致循环的不稳定性。因此，V_2O_5 作为有较高能量密度和较高倍率能量的电极材料应该是微米结构的，而且这种微米结构还应由能形成紧密的有效离子扩散通道的初级的纳米结构单元组成。另外，在众多的合成方法中，水热法/溶剂热法在合成复杂内部结构的电池材料方面尤为有效，因为它给初级的内部结构提供了定向生长的机会。

多元醇协助的合成过程由其成本低和易操作等优点被认为是一种理想的过程，因为多元醇介质可以充当有机表面活性剂和聚合物来控制特殊形状、尺寸的形貌形成。乙二醇先前在回流和熔解热过程中充当配体来制备金属氧化物纳米线。而且，乙二醇充当链接剂在形成复杂的微米球上起到举足轻重的作用。然而，通过一步简单的合成过程来合成复杂的有片状组装的结构仍是一个很大的挑战。

因此，我们首先讨论了未经溶剂热反应，只对原料乙酰丙酮氧钒 $VO(acac)_2$ 进行一步高温煅烧过程，造成物相、形貌以及电化学性能的变化。接着讨论了在溶剂热反应中，$VO(acac)_2$ 含量的变化对前驱体以及煅烧后试样物相、结构和电化学性能的影响，根据性能最佳确定合适的原料含量。接着又进一步优化实验条件，讨论经过不同的溶剂热反应时间 12、14、17h 对试样电化学性能的影响，重点讨论了经过 17h 溶剂热后得到的片层组装的超大微米球在大电流下的循环性能，电池性能显示在高倍率下，经过 500 圈后电池材料比容量仍维持一个很高的水平，达到了对材料改性的目的。

3.2 V_2O_5 样品材料制备

3.2.1 一步法煅烧得到 V_2O_5 纳米棒的制备方法

取一定量自制的乙酰丙酮氧钒 $VO(acac)_2$ 置于马弗炉中，600℃温度下煅烧 2h，自然冷却到室温，放入指定的容器中以待后续的测试。

3.2.2 两步法得到 V_2O_5 微米球的制备方法

两步法得到 V_2O_5 微米球的制备方法如下。

（1）取 0.55、0.65、0.75、0.85g 的 $VO(acac)_2$ 分别加入 40mL 的乙二醇中，搅拌 2h，把澄清溶液移到 50mL 的聚四氟乙烯内衬的高压釜中，然后放入干燥箱中，220℃加热 24h，反应后，试样自然冷却到室温，离心分离用无水乙醇清洗 3~4 次，至澄清，放在 80℃干燥箱中干燥 12h，自然冷却到室温。最后把前驱体置于马弗炉中，以 5℃/3min 的升温速度加热到 600℃煅烧 2~4h，收集固体装入指定容器。把含量 0.55、0.65、0.75、0.85g 得到的产品分别定义为 0.55g-V、0.65g-V、0.75g-V、0.85g-V。

（2）取 0.75g 的 $VO(acac)_2$ 分别加入 40mL 的乙二醇中，220℃加热 12~17h，其余实验条件和操作步骤不变。把溶剂热时间 12、17、24h 得到的产品分别定义为 12h-V、17h-V、24h-V。

3.3 一步法煅烧对 V_2O_5 试样的影响

3.3.1 一步法煅烧对 V_2O_5 试样物相和形貌的影响

一步法煅烧制得的原料乙酰丙酮氧钒的 X 射线粉末衍射图谱如图 3-1 所示，其衍射峰的位置分别为 15.4°、20.3°、21.7°、26.2°、31.1°、32.4°、33.4°、34.3°、36.1°、37.4°、41.3°、42.1°、45.5°、47.3°、48.8°、51.2°、55.6° 和 62.1°，对应于正交相 V_2O_5（JCPDS 卡片号 41-1426）的（200）、（001）、（101）、（110）、（400）、（011）、（111）、（310）、（210）、（002）、（102）、（411）、（600）、（012）、（601）、（020）和（710）晶面，无明显杂峰。经计算，晶格常数为 $a = 11.49 \times 10^{-10}$m、$b = 3.56 \times 10^{-10}$m、$c = 4.368 \times 10^{-10}$m，与标准卡片非常接近（$a = 11.50 \times 10^{-10}$m、$b = 3.56 \times 10^{-10}$m、$c = 4.372 \times 10^{-10}$m）。相对于标准卡片，各晶面的衍射峰强度都有增强。

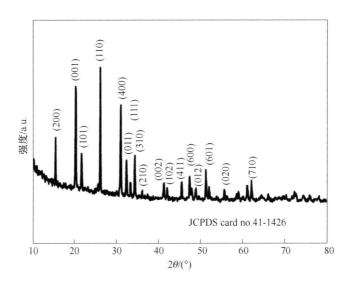

图 3-1　纳米棒 X 射线衍射谱图

一步法煅烧乙酰丙酮氧钒，得到产物的扫描电子显微镜图（FESEM）如图 3-2（a）所示。当对原料 VO(acac)₂ 进行一步烧结时，得到形貌规则的纳米棒。纳米棒放大不同倍数得到的细节图如图 3-2（b）和（c）所示，纳米棒的尺寸大约长 1μm，宽 200nm，厚 100nm，边界清晰，分散性良好。

3.3.2　一步法煅烧对 V₂O₅ 纳米棒电化学性能的影响

以 V₂O₅ 纳米棒作为锂离子电池的正极，锂片作为对电极和参比电极，在 2～4V 电压范围内进行充放电。如图 3-3（a）和（b）所示，纳米棒的初始充放电比容量分别为 266.7mA·h/g 和 264.9mA·h/g，接近于 V₂O₅ 的理论容量（294mA·h/g），对应的库仑效率接近于 100%，首次充放电锂离子几乎零消耗。循环了 100 圈后，纳米棒的充放电比容量保持在 243.1mA·h/g 和 241.9mA·h/g，充放电比容量保持率分别为 91.32% 和 91.15%。即使电池循环 200 圈后，纳米棒的充放电比容量仍分别为 226.9mA·h/g 和 226.4mA·h/g，充放电保持率分别为 85.46% 和 85.07%，这个结果高于类似方法得到的 V₂O₅ 纳米棒。如，Pan 等以商用的 V₂O₅ 和草酸为原料按 1∶5 摩尔比制得草酸氧钒 VOC₂O₆，然后对原料进行一步高温煅烧得到 V₂O₅ 纳米棒。纳米棒作为锂电池正极材料测试其性能，在 300mA/g 的电流密度下，循环了 30 圈，得到 240mA·h/g 的放电比容量。图 3-3（c）中纳米棒在 1、1.5、2、3、5C 的倍率下其初始放电比容量分别为 262.6、249.2、232.5、206.5、160.4mA·h/g，说明纳米棒在不高于 3C 的倍率

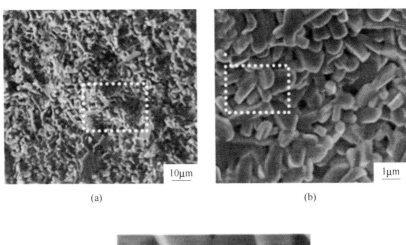

(a)   (b)

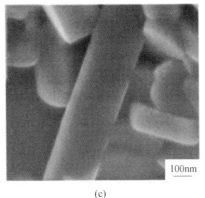

(c)

图 3-2　纳米棒扫描电子显微镜照片

下，放电比容量都保持在 200mA·h/g 以上。Pan 等制得的纳米棒在 500mA/g 的电流密度下，只得到 160mA·h/g 的放电比容量。对 VO(acac)₂ 煅烧得到的纳米棒，当倍率增加到 5C 时，纳米棒的放电比容量降到 142.1mA·h/g，但是，倍率恢复到 0.5C 时，600℃试样的放电比容量又恢复到 270.3mA·h/g。说明纳米棒的结构稳定，在大电流下仍未出现结构的塌陷。上述结果显示，一步法煅烧 VO(acac)₂ 得到的纳米棒，无论在 1C 倍率下的循环，还是在不同倍率的循环下，都有明显的优势，其优良的性能一方面归结于纳米材料本身的性质，另一方面归结于材料良好的结晶度。但是简单的 1D 尺寸的纳米结构在高倍率下，本身的劣势就呈现出来，所以提高 V₂O₅ 作为锂离子电池正极材料在高倍率下的性能成为下一步研究的重点。

为了改善材料高倍率下的循环性能，改变了实验方法，由原来的一步高温烧结变成了乙二醇协助的溶剂热反应和对前驱体煅烧的两步实验过程。采用两步实

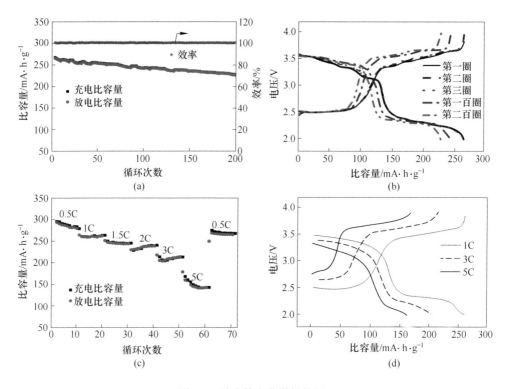

图 3-3 纳米棒电化学性能图

（a）循环性能图，电流密度 300mA/g；（b）电压-比容量图，电流密度为 300mA/g；

（c）不同倍率下循环性能图；（d）不同倍率电压-比容量图

验过程优化实验条件，从原料含量的变化到溶剂热时间的调节，得到高性能的锂电池正极材料。

3.4 原料含量变化对 V_2O_5 微米球的影响

3.4.1 原料含量变化对 V_2O_5 微米球前驱体物相和形貌的影响

改变原料乙酰丙酮氧钒的含量制得的前驱体，其 X 射线衍射峰图谱如图 3-4 所示。当乙酰丙酮氧钒的含量为 0.55g 时［见图 3-4（a）］，衍射峰位于 10°左右有一尖锐的峰，对应金属醇酸盐。当原料含量从 0.55g 增加到 0.85g 时［见图3-4（b）~（d）］，前驱体的物相并无明显变化，仍在 10°左右有一尖锐的峰，无杂峰。同样对应金属钒的醇酸盐。

改变原料乙酰丙酮氧钒的含量制得前驱体的扫描电子显微镜照片如图 3-5 所示。当乙酰丙酮氧钒为 0.55g 时［见图 3-5（a）］，前驱体是直径大约为 20μm 的

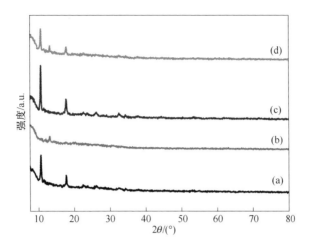

图 3-4 前驱体 X 射线衍射谱图

（a）0.55g-V；（b）0.65g-V；（c）0.75g-V；（d）0.85g-V

片状组装的超大微米球，而且球的分散性良好，从插入的细节图中可以清楚地看到表面的细片。当乙酰丙酮氧钒增加到 0.65g 时［见图 3-5（b）］，反应后前驱体却是不规则的无成形体，偶尔有个别的类球体，插入的细节图中帮助我们看到个别类似球光亮的表面。从图 3-5（c）的扫描照片上看到，乙酰丙酮氧钒的含量为 0.75g，前驱体仍是形貌规则，分散性良好的片状组装的超大微米花球，球的直径在 30μm 左右，形貌类似于图 3-5（a）的扫描照片，插入的细节图充分反映了微米球的片状组装。当原料的量继续增加到 0.85g［见图 3-5（d）］，经过高温的溶剂热后，仍可以得到尺寸在 30μm 左右的超大微米球，但球的表面不再是光滑的片状组装而是堆积了很多的碎颗粒。可能是原料过量，未反应的固体颗粒附着在球的表面。

（a）

（b）

图 3-5　前驱体扫描电子显微镜照片

（a）0.55g-V；（b）0.65g-V；（c）0.75g-V；（d）0.85g-V

3.4.2　原料含量的变化对 V₂O₅ 微米球物相和形貌的影响

将前驱体在空气中 600℃ 煅烧 2h 后，前驱体即转化为最后的产物。其 X 射线粉末衍射图谱如图 3-6 所示，当原料的含量在 0.55g 和 0.85g 变化时，衍射峰的位置以及峰的强度都基本一样，对应正交相的 V₂O₅（JCPDS 卡片号 41-1426），无其他杂相出现。

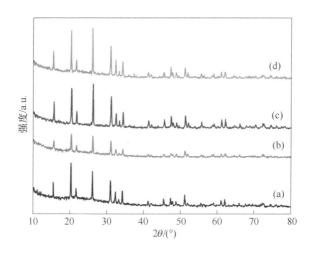

图 3-6　试样 X 射线衍射谱图

（a）0.55g-V；（b）0.65g-V；（c）0.75g-V；（d）0.85g-V

将不同微米球结构的前驱体在 600℃下煅烧 2h 后,其扫描电子显微镜照片如图 3-7 所示,从图中可以看出,当原料含量在 0.55g 和 0.75g 时〔见图 3-7(a)、(c)〕,相对于前驱体,试样煅烧后,超大微米球的片层组装结构、尺寸大小、均匀性以及分散性上变化不大,有变化的是球表面的片层结构由原来光滑的规则的大片变成了尺寸小的片,而且球的表面聚集了较多的碎颗粒。当原料含量为 0.65g 时〔见图 3-7(b)〕,煅烧后,形貌由原来表面光滑的不规则体变成了表面有细棒堆积的类球体,但整体形貌仍不明显。如图 3-7(d)所示,原料含量增加到 0.85g 时,煅烧后试样形貌与前驱体基本上相同,表面有碎颗粒片层组装的超大微米球,粒径在 30μm 左右。

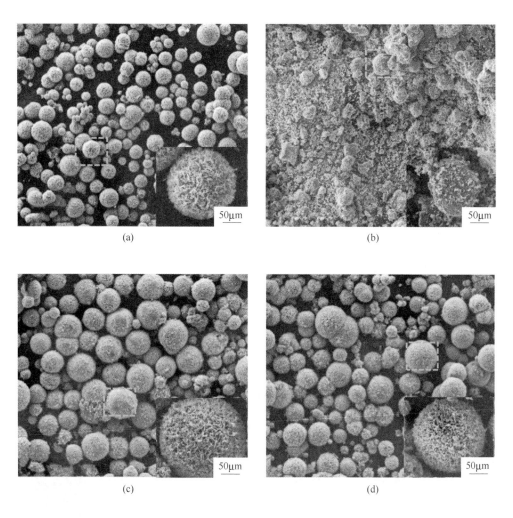

图 3-7　产物的扫描电子显微镜照片
(a) 0.55g-V;(b) 0.65g-V;(c) 0.75g-V;(d) 0.85g-V

3.4.3　原料含量的变化对 V₂O₅ 微米球电化学性能的影响

以不同结构的 V₂O₅ 微米球分别作为锂离子电池的正极，锂片作为对电极，在 2~4V 电压范围内对电极进行了电化学性能测试，电流密度为 300mA/g，其充放电曲线图如图 3-8 所示。从图 3-8（c）中看出，乙酰丙酮氧钒含量分别为 0.55、0.65、0.75、0.85g 时，四组试样的初始放电比容量分别为 229.7、252.6、230.6、0.7mA·h/g。循环 100 圈之后，四组试样放电比容量仍分别保持在 231.0、211.1、206.1、213.7mA·h/g，前三组试样相比于初始放电比容量，其对应的容量保持率分别为 100%、83.57%、89.37%，第四组试样相比第二圈的放电比容量，其容量保持率为 85.2%。图 3-8（b）为四个样品的库仑效率，除第四个试样的第一圈为零外，其余三组试样的库仑效率都接近于 100%，说明四个样品在锂离子插入和嵌出过程中，锂离子几乎实现了零消耗。

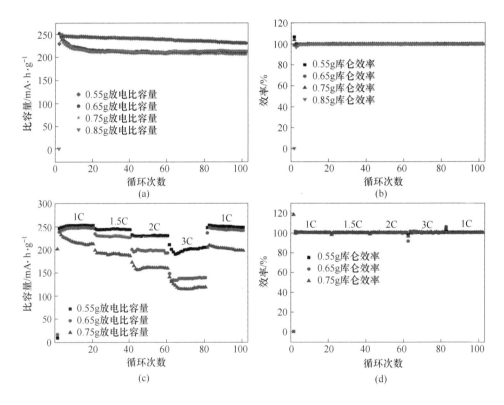

图 3-8　电化学性能曲线图

（a）循环性能图，电流密度为 300mA/g；

（b）库仑效率图，电流密度为 300mA/g；

（c）不同倍率循环图；（d）不同倍率库仑效率图

图 3-8 彩图

对不同结构的 V_2O_5 测试其倍率性能，如图 3-8（d）所示，原料含量为 0.55g 得到的试样，在不同倍率下，都具有较高的放电比容量和较优的循环稳定性。在 3C 的倍率下，充放电比容量保持在 202mA·h/g 左右。原料含量为 0.65g 得到的试样在 1C 的倍率下时，充放电比容量接近于原料含量为 0.55g 时得到的试样，但随着倍率的增加，充放电比容量衰减得严重。原料含量为 0.75g 得到的试样，随着电流密度的增加，充放电比容量相对衰减得严重。三组试样在不同倍率下的充放电效率如图 3-8（d）所示，都接近于 100%，说明其都具有较高的充放电稳定性。

3.5 溶剂热时间对 V₂O₅ 超大微米球的影响

3.5.1 溶剂热时间对 V₂O₅ 超大微米球前驱体物相的影响

0.75g 乙酰丙酮氧钒参与不同时间（12、14、17h）的溶剂热高温反应，反应后前驱体的 X 射线衍射花样谱图如图 3-9 所示。图 3-9（a）中，当反应时间为 12h 时，衍射谱图上未有明显的衍射峰，说明经过 12h 的溶剂热处理后，前驱体是无定形体。当溶剂热时间分别延长到 14h 和 17h［见图 3-9（b）和（c）］时，衍射峰在 10℃附近都有一尖锐的衍射峰，物相对应金属醇酸盐，而且衍射峰强度很大，无杂峰。

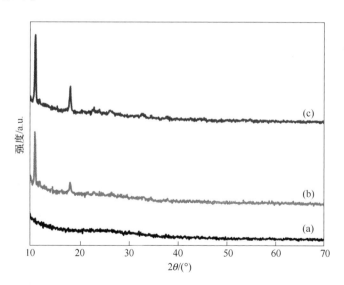

图 3-9　前驱体的 X 射线衍射谱图比较

（a）12h-V；（b）14h-V；（c）17h-V

3.5.2 溶剂热时间对 V₂O₅ 超大微米球物相和形貌的影响

不同试样的前驱体在 600℃煅烧 2h 后的 X 射线衍射谱图如图 3-10 所示。图 3-10 中经过不同溶剂热处理后的前驱体，煅烧后，其衍射峰的位置基本一致，对应于正交相的 V_2O_5（JCPDS 卡片号 41-1426）。如图 3-10（c）所示，17h-V 试样的各晶面衍射强度都明显强于另外两组试样。

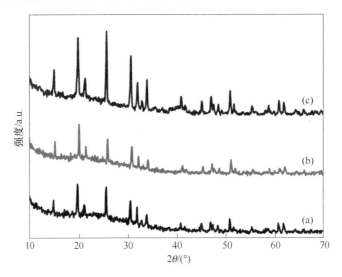

图 3-10 不同试样煅烧后的 X 射线衍射谱图比较

（a）12h-V；（b）14h-V；（c）17h-V

通过 X 射线光电子能谱（XPS）进一步确定 17h 得到的试样的表面元素化合价及成分，如图 3-11 所示，确认了 V、O 两种元素的存在。V 元素的高分辨 XPS 分峰拟合谱图中，结合能分别位于 517.8eV 和 525.3eV 的两个较强峰对应于 V^{5+} 的 $V2p_{3/2}$ 和 $V2p_{1/2}$ 轨道。O 元素的 XPS 分峰谱图中，结合能位于 530.6eV 的强峰对应于 V—O 键的伸展运动，和文献报道一致。

经过不同溶剂热时间的前驱体在 600℃煅烧 2h 后的扫描电子显微镜照片如图 3-12 所示。图 3-12（d）中，当反应时间不超过 12h 时，煅烧后试样是 200nm 宽，100nm 厚，1μm 长左右的 V_2O_5 纳米棒。随着溶剂热时间的增加，纳米棒聚合，在乙二醇链接剂的作用下逐渐聚集成棒状堆积的 V_2O_5 层状球 ［见图 3-12（e）］，粒径为 20μm 左右。继续延长溶剂热时间到 17h ［见图 3-12（a）］，V_2O_5 微米球的尺寸没有发生明显变化，粒径仍为 20μm 左右。片状组装的超大微米球在不同放大倍数下的高分辨的细节形貌如图 3-12（b）和（c）所示，球表面的纳米棒变成穿插在一起的有规则的纳米片，片的尺寸不大，可以清晰到看到纳米片的边界。

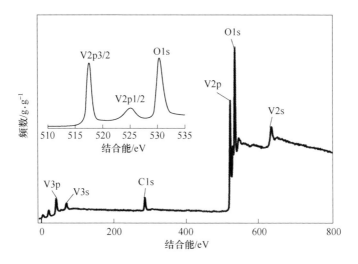

图 3-11　试样的 X 射线光电子能谱（XPS）图

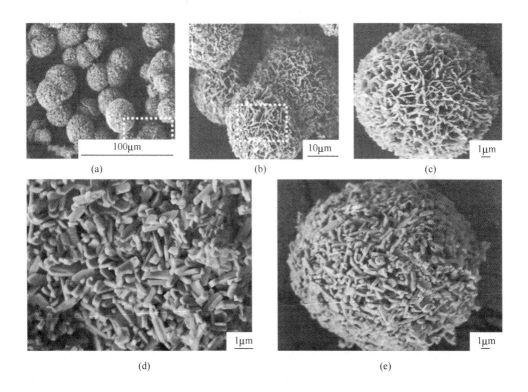

图 3-12　煅烧后试样的扫描电子显微镜照片

（a）~（c）17h；（d）12h；（e）14h

3.5.3 溶剂热时间对 V_2O_5 超大微米球电化学性能的影响

17h-V 试样作为锂电池正极材料组装电池后，在 2～4V 电压范围内循环 200
圈后的充放电循环伏安曲线图如图 3-13 所示。图 3-13 中，从充电还原峰曲线上，
可以看到三个阴极峰（vs. Li/Li^+）分别位于 3.36、3.08、2.18V，分别对应于
锂离子在嵌入时物相从 $\alpha\text{-}V_2O_5$ 到 $\varepsilon\text{-}Li_{0.5}V_2O_5$ 的转化，$\varepsilon\text{-}Li_{0.5}V_2O_5$ 到 $\delta\text{-}LiV_2O_5$
的转化以及物相从 $\delta\text{-}LiV_2O_5$ 到 $\gamma\text{-}Li_2V_2O_5$ 的转化过程。在放电曲线上，三个分别
位于 2.75、3.47、3.7V 的阳极峰（vs. Li/Li^+），归因于锂离子在脱出时物相从
$\gamma\text{-}Li_2V_2O_5$ 到 $\delta\text{-}LiV_2O_5$，$\varepsilon\text{-}Li_{0.5}V_2O_5$，$\alpha\text{-}V_2O_5$ 的可逆转化。值得注意的是，物
相 $\delta\text{-}LiV_2O_5$ 和 $\varepsilon\text{-}Li_{0.5}V_2O_5$ 的转化阳极峰比较模糊，可能是由于循环之后，物相
的转化不够明显。

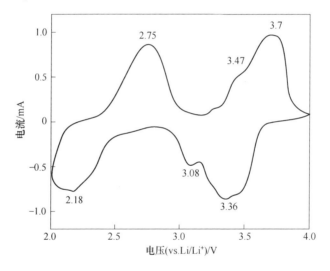

图 3-13 循环伏安图

17h-V 试样材料组装电池后测试的电化学性能曲线图，电压范围是 2～4V，
如图 3-14 所示。图 3-14（b）中，不同循环次数的放电电压-容量图在 3.3、3.1、
2.2 V 附近（vs. Li/Li^+）分别有对应的电压平台。在充电电压-容量图中，电压
位于 2.7、3.4、3.7V 附近（vs. Li/Li^+）有同样类似明显的电压平台，这和伏安
循环曲线图的物相转化是一致的。即使在不同的高倍率下，得到的相应的电压平
台也是非常明显的［见图 3-14（d）］，说明试样中锂离子在其中嵌入和脱出的可
逆性和稳定性优异。图 3-14（a）和（b）中，此试样的初始充放电比容量在 1C
的倍率下分别为 274.4 mA·h/g 和 275.7mA·h/g，对应的库仑效率为 99.5%。
循环了 50、100、200 圈后，放电比容量分别为 266.3、259.1、243.8mA·h/g，
容量保持率分别为 96.59%、93.98%、88.43%，这个结果要高于同种材料的其

他相似形貌。例如，Pan 等采用无模板法合成 VO$_2$ 空心球，经过一步的煅烧过程得到 V$_2$O$_5$ 微米球，在 1C 的倍率下，循环 50 圈之后的放电比容量为 225mA·h/g。Pan 等合成了棒状组装的微米球，在 300mA·h/g 的倍率下，循环 100 圈后，比容量为 211mA·h/g。图 3-14（c）为 17h-V 试样在不同倍率下的循环曲线图。如图 3-14（d）所示，17h 得到的片状组装的 V$_2$O$_5$ 微米球活性材料充放电平台明显。片状组装微米球在 0.5C 和 3C 的倍率下，放电比容量几乎没有明显的衰减 [见图 3-14（c）]，当倍率增加到 5C 时，放电比容量稍低于其他低倍率的放电比容量，但放电比容量仍高于 200mA·h/g。

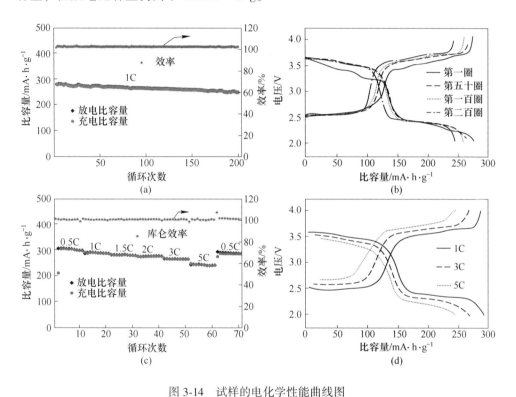

图 3-14 试样的电化学性能曲线图

（a）相同倍率的循环曲线图，电流密度 300mA/g；（b）电压-容量曲线图，电流密度 300mA/g；
（c）不同倍率循环曲线图；（d）不同倍率电压-容量曲线图

为了验证片状组装的微米球作为锂电池材料的活性组分在高倍率下的循环稳定性，测试了 17h-V 试样在 1500mA/g 电流密度下的电化学循环性能，如图 3-15（b）所示。从图 3-14（a）和（b）中可以看到，在 5C 的倍率下，试样的初始充放电比容量分别为 247.5mA·h/g 和 252.9mA·h/g，对应的库仑效率为 97.9%，即使循环了 100、300、500 圈后，放电比容量分别为 214.1、215.0、198.3mA·h/g，比容量保持率分别为 84.66%、85.01%、78.41%，远远高于同种材料的其他形貌的性能。如，Pan 等采用无模板法合成了多层的 V_2O_5 空心球，空心球在 300mA/g 的电流密度下，循环 100 圈可得到 211mA·h/g 的放电比容量。但是图 3-15（a）电压-容量曲线图中，只能看到两个明显的电压平台，说明高倍率下，物相的转变还是不太明显的。

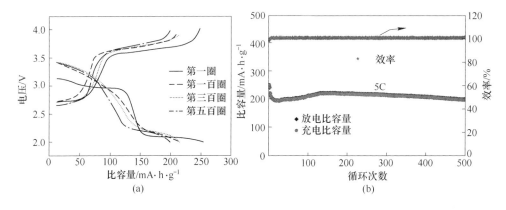

图 3-15 17h-V 试样的循环性能图

（a）电压-容量曲线图；（b）循环曲线图

3.6 本章小结

（1）讨论了未经过溶剂热过程，直接对原料 VO（acac）₂ 进行高温烧结，600℃煅烧得到的试样在循环过程中比容量保持一个很高的水平，但在大电流下，却衰减得严重。

（2）采用溶剂热过程，讨论了不同原料含量的变化对试样物相、结构以及电化学性能的影响，确定合适的 VO（acac）₂ 的含量为 0.55g 和 0.75g。为了更明显地改善材料的性能，采用了 0.75g 的 VO（acac）₂ 进行进一步的改善实验。

（3）溶剂热时间影响了奥氏熟化的过程，探讨了不同溶剂热时间的影响，最后确定最佳的时间为 17h，得到在 5C 倍率下，循环 500 圈，放电比容量仍保持在 200mA·h/g 左右，这是至今为止，V_2O_5 作为锂电池正极材料理想的电池性能结果。

4 无模板法合成新型 Co_3O_4 亚微米球及电化学性能研究

4.1 引 言

单层、双层以及多层壳球，由于其潜在的性能，如催化、作为气相传感器、药物传输，特别是锂电池的储能研究，已经吸引了不同应用领域越来越多的关注。这额外增强的性能主要是依靠于额外的层与层之间的空隙，层间的空隙不但能增强电解液和活性组分接触的机会，而且能够缩短锂离子在插入和脱出过程中的扩散距离。最近，不同学科的科学家已经致力于尝试各种各样的方法来合成多层结构微纳米材料的科学研究。常用的方法之一是牺牲软硬模板法，常用的模板如囊泡、二氧化硅、过渡金属氧化物颗粒和均匀的聚合物。例如，Lai 等通过牺牲碳质模板法已经合成了多层壳的不同金属氧化物空心微米球。另外，Wang 等通过用 PVP 做模板法合成了片组装的多壳层的 Co_3O_4 空心球，用于锂电池的储锂研究，显示了良好的电化学性。然而，在去除模板的过程中容易使存在的结构崩塌，因此，无模板法合成新型的特殊形貌，如蛋黄壳结构开始引起了注意。近年来，由于操作的简单性，无模板法合成需要的结构已经受到广泛关注。Pan 等通过无模板法通过两次的奥氏熟化过程成功地合成了新型的多壳 VO_2 空心微米球，这种过程只依靠于反应时间和前驱体的浓度来完成。此外，Hong 等最近通过一步喷雾热裂解法，合成双壳的 SnO_2 蛋黄壳粉末，此粉末显示了高倍率下的高容量。虽然至今还没有报道，但通过一步简单的无模板方法合成 Co_3O_4 双壳或者是多层蛋黄壳结构应该是可以实现的。

由于具有较高的理论容量（890mA·h/g），低成本和无毒，Co_3O_4 纳米/微米结构已经被选为锂离子电池的理想负极材料。采用多元醇协助的方法去合成球状结构，乙二醇在这一过程中充当链接剂。

本章首先讨论不同钴源经过乙二醇溶剂热处理后前驱体的物相、形貌以及煅烧后试样的物相、形貌和电化学性能的变化，确定性能最佳的原料种类。接着探讨了不同的溶剂热时间（8、12、24h）对煅烧后试样形貌和性能的影响，进而确定了可能的反应机理。最后，又简单地探讨一缩二乙二醇溶剂对前驱体和煅烧后试样各方面的影响。

4.2 Co_3O_4 样品材料制备

Co_3O_4 样品材料制备方法如下。

（1）取 2.8mmol 的 $Co(NO_3)_2 \cdot 9H_2O$、$Co(CH_3COO)_2 \cdot 4H_2O$、$CoSO_4 \cdot 7H_2O$ 和 $CoCl_2 \cdot 6H_2O$ 分别加入 40mL 的乙二醇中，搅拌 2h，把澄清溶液移到 50mL 的聚四氟乙烯内衬的高压釜中，然后放入干燥箱中，220℃ 加热 12h，反应后，试样自然冷却到室温，离心分离用无水乙醇清洗 3~4 次，至澄清，放在 80℃ 干燥箱中干燥 12h，自然冷却到室温。最后把前驱体置于马弗炉中以 5℃/3min 的升温速度，加热到 600℃ 煅烧 2~4h。注：采用氯化钴为原料，溶剂热后，无沉淀。分别以 $Co(NO_3)_2 \cdot 9H_2O$，$Co(CH_3COO)_2 \cdot 4H_2O$，$CoSO_4 \cdot 7H_2O$ 为原料，命名为 Co-N，Co-C，Co-S。

（2）以 $Co(NO_3)_2 \cdot 9H_2O$ 为钴源，改变反应时间 8~24h，其余条件同（1），所得试样分别记为 8h-Co、12h-Co 和 24h-Co。

（3）将溶剂乙二醇换为一缩二乙二醇（MSDS），其余实验步骤不变。

4.3 原料的种类对 Co_3O_4 材料的影响

4.3.1 原料的种类对 Co_3O_4 材料前驱体物相和形貌的影响

不同原料参与溶剂热反应，得到前驱体的 X 射线粉末衍射谱图如图 4-1 所示。图 4-1（a）中，当用 $Co(NO_3)_2 \cdot 9H_2O$ 做原料溶剂热反应后，衍射谱图上

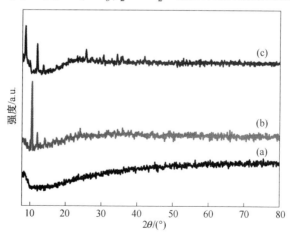

图 4-1 前驱体的 X 射线衍射谱图

（a）Co-N 试样；（b）Co-C 试样；（c）Co-S 试样

无明显的衍射峰，说明此前驱体是无定形体。在相同条件下，用 $Co(CH_3COO)_2 \cdot 4H_2O$ 和 $CoSO_4 \cdot 7H_2O$ 做原料经过溶剂热反应后，前驱体在 10°附近都有尖锐的衍射峰［见图 4-1（b）~（c）］，物相对应于金属醇酸盐。

不同原料进行溶剂热反应，前驱体的透射电子显微镜照片如图 4-2 所示。图 4-2（a）中，当原料是 $Co(NO_3)_2 \cdot 9H_2O$ 和乙二醇在高温下反应 12h 后，得到的前驱体是尺寸在 600~800nm 的实心球，而且实心球的分散性良好。当原料换为 $Co(CH_3COO)_2 \cdot 4H_2O$ 时，在同样的条件下进行处理，得到 2~3μm 的微米花［见图 4-2（b）］，但均匀性不是很好，从透射电子照片上可以清楚地看到个别微米花的中心留有空隙。如图 4-2（c）所示，当原料换成 $CoSO_4 \cdot 7H_2O$ 时，前驱体的形貌发生了很大的变化，不再是 3D 的复杂微米结构，却是直径为 30~40nm，长度为 20~30μm 的纳米线，线的分散性良好，边界清晰。

图 4-2　前驱体的透射电子显微镜照片

（a）Co-N 试样；（b）Co-C 试样；（c）Co-S 试样

4.3.2 原料的种类对 Co₃O₄ 材料物相和形貌的影响

采用不同原料进行溶剂热反应，前驱体在 600℃煅烧 4h 后试样的 X 射线粉末衍射谱图如图 4-3 所示。图 4-3 中，虽然原料不同，但煅烧后三组试样的 X 射线谱图基本一致，衍射峰位于 19.04°、31.3°、36.9°、38.8°、45.0°、59.6°和 65.5°处分别对应于立方尖晶石 Co₃O₄（JCPDS 卡片号 42-1467）的（111）、（220）、（311）、（222）、（400）、（422）和（511）晶面。如图 4-3（a）所示，当原料为 Co(NO₃)₂·9H₂O 时，晶面衍射强度优于另外两组试样。三组试样都无杂相。

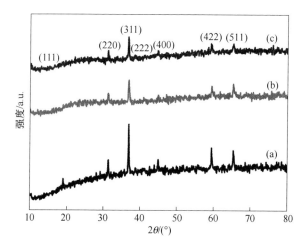

图 4-3 煅烧后试样的 X 射线衍射谱图

（a）Co-N；（b）Co-C；（c）Co-S

不同原料参加反应，前驱体在 600℃煅烧 2h 后试样的透射电子显微镜照片如图 4-4 所示。图 4-4（a）中，当采用 Co(NO₃)₂·9H₂O 为原料，溶剂热反应 12h 后，煅烧后试样是直径在 500～600nm 的双层蛋黄壳结构的亚微米球，壳的边界非常清晰，而且分散性良好。当原料改成 Co(CH₃COO)₂·4H₂O 参加反应时〔见图 4-4（b）〕，煅烧后试样与前驱体变化不大，仍保持着微米花的形状，而且尺寸也没有多大变化，变化的是微米花的表面变得非常疏松，而且能清楚地看到组成颗粒。另外，当使用 CoSO₄·7H₂O 为原料时，煅烧后，纳米线被烧成了碎颗粒，而且也失去了线的形状。

4.3.3 原料的种类对 Co₃O₄ 材料电化学性能的影响

不同钴源参加反应，前驱体在 600℃煅烧 4h 后所得产品的电化学性能曲线图如图 4-5 所示，电压范围 0.01～3V，电流密度 178mA/g。在整个的循环过程中，

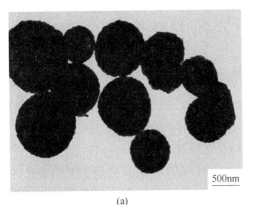 

(a)   (b)

图 4-4　煅烧后试样的透射电子显微镜谱图

(a) Co-N；(b) Co-C

Co-N 试样的充放电比容量都高于 Co-C 试样，但 Co-N 试样在循环中出现了个别的反复，而 Co-C 试样在整个循环中稳定性良好。Co-N 试样的初始充放电比容量分别为 669.3mA·h/g 和 1045.5mAh/g，对应的库仑效率为 64%。Co-C 试样的初始充放电比容量分别为 491.0mA·h/g 和 1211.2mA·h/g。另外，两组试样的初始放电比容量都稍高于理论容量，归因于初始充电过程中不可逆反应在电极表面形成的 SEI（solid electrolyte interphase）。循环到 50 圈后，Co-N 和 Co-C 试样的放电比容量分别为 450.2mA·h/g 和 290.4mA·h/g。即使循环到 100 圈，Co-N 试样的充放电比容量仍分别为 353.6mA·h/g 和 357.3mA·h/g，对应的库仑效率为 98.9%。因此，采用 Co(NO₃)₂·9H₂O 为原料来进行下一步的实验探索。

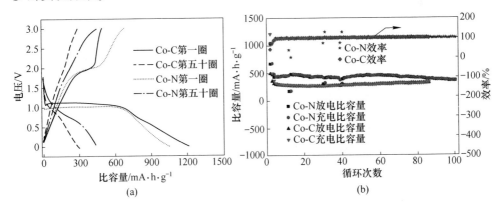

(a)   (b)

图 4-5　煅烧后试样电化学性能曲线图

(a) 不同试样循环电压-容量比较；(b) 不同试样循环曲线图

4.4 溶剂热时间对 Co₃O₄ 材料的影响

4.4.1 溶剂热时间对 Co₃O₄ 材料前驱体物相和形貌的影响

以 $Co(NO_3)_2 \cdot 9H_2O$ 为钴源，经过不同溶剂热时间得到前驱体的扫描电子显微镜照片和 X 射线衍射粉末花样谱图如图 4-6 所示。图 4-6（a）和（b）中，当反应时间分别为 8h、12h 时，分别得到粒径大约为 690nm、850nm 的亚微米实心球，实心球表面光滑，分散均匀，插入的粒径分布图可以帮助看到不同种实心球的粒径分布情况。图 4-6（c）中，当反应时间延长到 24h 时，几乎所有的实心微米球表面都有凹陷，粒径在 1.07μm 左右，但是球的均匀度下降。如图 4-6（d）所示，不同反应时间得到的前驱体都无明显的衍射峰，均为无定形体。

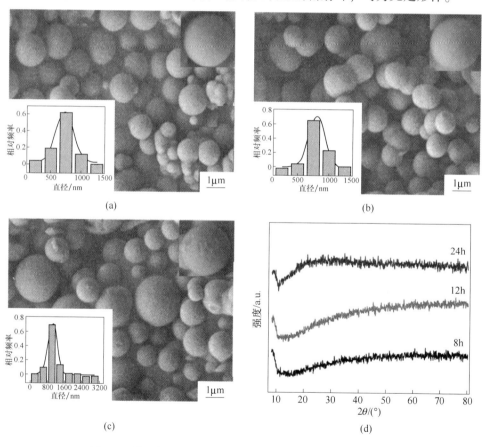

图 4-6 前驱体扫描电子显微镜照片和 X 射线衍射粉末谱图

（a）8h-Co 试样的 FESEM；（b）12h-Co 试样的 FESEM；（c）24h-Co 试样的 FESEM；

（d）不同试样 X 射线谱图比较

4.4.2 溶剂热时间对 Co₃O₄ 材料物相和形貌的影响

不同反应时间得到的 Co₃O₄ 多层壳球的 X 射线衍射谱图如图 4-7 所示。图 4-7 中，反应时间为 8h 和 12h 时，目的产物的物相变化不大，衍射峰在 19.04°、31.3°、36.9°、38.8°、45.0°、59.6° 和 65.5° 分别对应于立方尖晶石 Co₃O₄（JCPDS 卡片号 42-1467）的（111）、（220）、（311）、（222）、（400）、（422）和（511）的晶面，与文献报道一致。

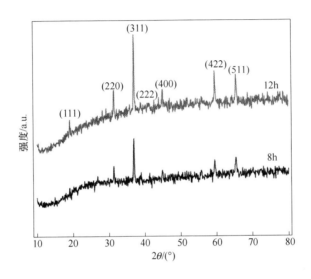

图 4-7 煅烧后试样 X 射线衍射谱图

不同反应时间的前驱体在 600℃ 空气中煅烧 2h 后的扫描电子显微镜照片（FESEM）和粒径分布图如图 4-8 所示。图 4-8 （a）和（b）中，当溶剂热时间为 8h 时，可得粒径为 550nm 左右的单层蛋黄壳的亚纳米球，相比前驱体的粒径（650nm）煅烧后亚微米球的尺寸缩小了 100nm 左右。如图 4-8 （a）插入的 FESEM 和 TEM 图所示，裂开的蛋黄壳亚微米球中可以帮助我们很清楚地看到球的内核和外壳。插入的 FESEM 照片显示了球的内核和外壳都是由类似于小球状的颗粒组成的，小球之间的空隙可以清楚地看到，这个结果和插入的 TEM 照片一致。当反应时间延长到 12h 时，几乎所有单层亚微米蛋黄壳球生长成双壳结构［见图 3-8 （c）］，其平均颗粒尺寸大约为 620nm ［见图 3-8 （d）］，低于前驱体的尺寸（850nm）230nm 左右，说明煅烧后，亚微米球都有不同程度的收缩现象。如图 4-8 （c）插入的 FESEM 照片和 FETEM 照片所示，裂开的双壳亚微米球可以帮助我们清楚地看到内核和外壳，而且构成此结构的类似于小球的微小颗粒以及之间的空隙仍旧清晰可见。但是，双层的亚微米球的均匀性降低，是由于在一定原料饱和度的条件下，乙二醇作为链接剂时对外层颗粒的链接变得困难。溶剂热时间为24h，前驱体在600℃空气中高温煅烧4h的XRD谱图，FESEM照片和粒径分布图如图4-9所示。图4-9（a）中，当反应时间延长到24h时，煅烧后试样的物相无变化，仍是立方尖晶石 Co_3O_4（JCPDS卡片号42-1467）。图4-9（b）中试样的均匀性变差，出现了一定数量的大球，大球的尺寸增加到 $1\mu m$ 左右，而且球的平均尺寸接近于780nm［见图4-9（c）］，但仍遵循煅烧后试样尺寸收缩的规律。如图4-9（b）插入的FETEM照片所示，大球为三层壳的微米蛋黄球，小球仍为双层壳的亚微米蛋黄球。然而，几乎所有24h得到的多层蛋黄壳球的外部表面都有不同程度的凹陷，可能是由于过度反应造成的，具体原因有待进一步的验证。

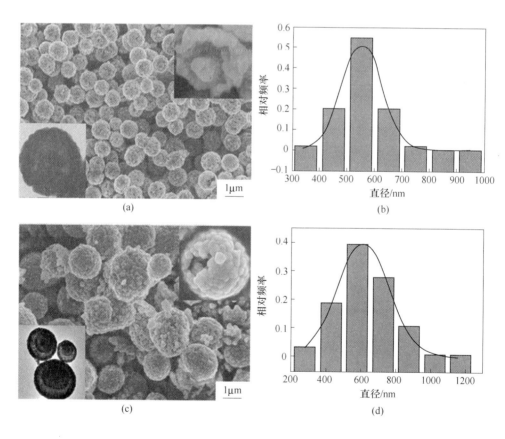

图4-8 煅烧后试样扫描电子显微镜照片（FESEM）、高倍透射电子显微镜照片（FETEM）、
投射电子显微镜照片（TEM）和粒径分布图
（a）（b）8h-Co；（c）（d）12h-Co

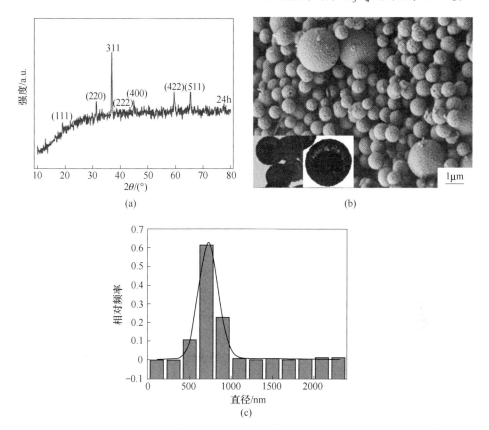

图 4-9　煅烧后试样的 X 射线衍射谱图(a)、扫描电子显微镜照片(b)和粒径分布图(c)

4.4.3　溶剂热时间对 Co₃O₄ 材料形貌成型的影响

由实心球的前驱体经过空气中高温煅烧过程,生长成不同壳层的不同尺寸的亚微米球以及微米球,具体的反应过程和生长机理需要详细地讨论。

首先,乙二醇和 CO(NO₃)₂·9H₂O 组成的原材料在 220℃ 的高温下反应 8h 形成表面光滑的实心球,再通过下一步的煅烧过程,实心球生长成蛋黄壳的亚微米球,同时由乙二醇得到的 C、H、O 元素在空气中以水和 CO₂ 的形式释放出去,这就导致了球的尺寸在某种程度上的收缩以及间隙的形成,如图 4-10 所示。实心球的成功合成归因于类似于球状的无定形颗粒的聚集和乙二醇的链接作用,经过高温煅烧后,8h-Co 试样的前驱体生长成蛋黄壳结构,与图 4-8(a)插入的 FESEM 和 TEM 图一致。当反应时间超过 12h 时,由于乙二醇的链接作用,类似于球状的颗粒继续在原来球的表面再聚集,形成双层或者是多层壳。然而,由于原料在一定条件下拥有一定的饱和度,所以颗粒的再聚集已经变得越来越困难。因此,经过 12h 的溶剂热,煅烧后的试样基本为双层壳的亚微米球,但偶尔也有三层壳的，因此，得到的试样尺寸变得有点不均匀，对应于图4-8（c）的粒径分布。当反应时间延长到24h时，由于无定形颗粒继续在双层壳的表面再聚集，得到了一定数量的三层壳的微米球，得到的绝大多数仍是双层壳的亚微米球，但尺寸有所增大，再聚集的困难导致了试样的不均匀性加剧，从图4-9（a）和（c）得到验证。最后，经过煅烧后，溶剂的去除可能导致了球尺寸的收缩、层层之间空隙以及颗粒之间空隙的形成。重要的是，层层之间的空隙以缩短离子的传输距离来增强锂离子电池潜在的应用。

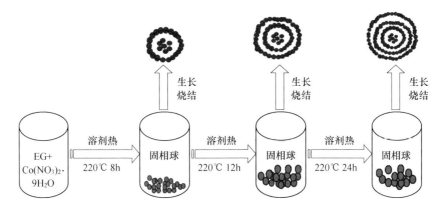

图4-10 多层蛋黄壳结构亚微米球形貌演变示意图

4.4.4 溶剂热时间对 Co_3O_4 材料电化学性能的影响

12h-Co试样作为锂离子电池负极材料测试其电化学性能得到的循环伏安曲线图（CV）如图4-11所示，扫描速度为0.5mV/s，电压范围为10mV~3V。图4-11

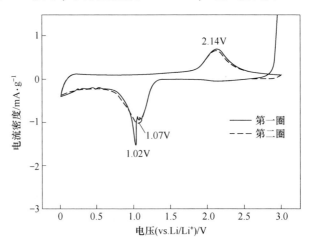

图4-11 双层蛋黄壳亚微米球的循环伏安（CV）曲线图

中，CV 曲线显示了充放电反应中的氧化还原反应。在第一圈的还原过程中，在电压为 1.02V 处，有一尖锐的峰，而且在 1.07V 处，还有一尖峰，这两个峰归因于 Co$_3$O$_4$ 到 Co 的还原反应。在第一圈的氧化过程中，氧化反应发生在电压为 2.14V 处，表明 Co$_3$O$_4$ 的形成。在第二圈过程中，两个峰合并成一个宽峰，然而，氧化过程几乎没发生变化。峰的迁移归因于电解液中的不可逆反应以及 SEI 层的形成。

8h-Co 亚微米球，12h-Co 亚微米球和 24h-Co 微米球的电化学性能曲线图如图 4-12 所示，电压范围 10mV~3V，图 4-12 （a）~（c）的电流密度均为 178mA/g。从图 4-12 （a）中可以看出，三个试样的初始充放电电压-容量曲线图高度的相似，初始放电比容量分别为 1182.6mA·h/g，1634mA·h/g 和 1189.6mA·h/g，均高于理论比容量值（890mA·h/g）。这超出的比容量归因于不可逆的电解液分解反应，分解反应导致了在电极的表面形成一种固体电解液的界面层来增强锂离子的界面储能能力。12h-Co 的亚微米球具有较高的放电比容量可以归因于其形貌尺寸的均匀性和双层壳之间空隙的协同效应。即使有不可逆反应的容量损失，循环 70 圈后，12h-Co 的放电比容量仍高于其他两个试样 ［见图 4-12 （b）］。如图 4-6 （b）所示，8h-Co 和 24h-Co 试样的充电比容量低于 12h-Co 的试样，但这个试样的循环曲线图的趋势明显和 12h-Co 试样的不同。从第一圈到大约 50 圈，随着循环次数的增加，8h-Co 和 24h-Co 试样的循环曲线图不是逐渐降低而是呈增加趋势，这是由于随着循环的进行，电解液和电极活性组分的接触面积增加，增加了到达电极的锂离子的数量。50 圈之后，这两个试样的充放电比容量才开始下降，但仍可以得到 959.8mA·h/g 和 920.9mA·h/g 的放电比容量，相同的趋势以前已经报道过。值得注意的是，从第 2 圈到第 30 圈，12h-Co 的容量保持率大约为 97.97%，每圈的容量损失大约为 0.06%。30 圈之后，容量的衰减率逐渐增加，但 30 圈、50 圈和 70 圈后，仍可以分别得到 1252.3、1177.8、1091.6mA·h/g，相对应的库仑效率分别为 98.7%、98.3%、98% ［见图 4-12 （b）和（c）］。较重要的是，分别在 0.5、1、2C 的倍率下，12h-Co 试样的放电比容量分别为 929.9、796.3、641.6mA·h/g。优异的电化学性能归因于其独特的结构。

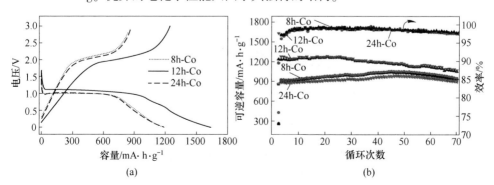

(a)   (b)

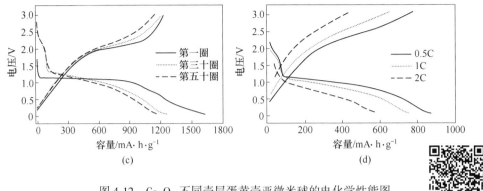

(c)
(d)

图 4-12 彩图

图 4-12 Co₃O₄ 不同壳层蛋黄壳亚微米球的电化学性能图

（a）首次充放电电压-容量曲线图，电流密度为 C/5（178mA/g）；
（b）充放电循环曲线图，电流密度为 C/5（178mA/g）；（c）8h-Co 试样的第一圈、
第三十圈和第五十圈的充放电电压-容量曲线图，电流密度为 C/5（178mA/g）；
（d）8h-Co 试样不同倍率下的电压-容量曲线图

4.5 一缩二乙二醇（MSDS）对 Co₃O₄ 试样的影响

4.5.1 MSDS 对 Co₃O₄ 试样物相、形貌的影响

溶剂为长链的一缩二乙二醇时，前驱体和煅烧后试样的 X 射线衍射谱如图 4-13 所示。图 4-13（a）中，谱图无明显的衍射峰，说明前驱体为无定形体。对前驱体煅烧后，物相对应于立方尖晶石 Co₃O₄（JCPDS 卡片号 42-1467）[见图 4-13（b）]，无杂相。

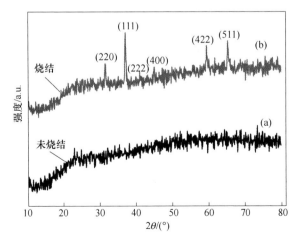

图 4-13 前驱体和煅烧后试样的 X 射线衍射谱图（XRD）
（a）前驱体；（b）煅烧后试样

溶剂为 MSDS 时，前驱体和煅烧后试样的透射电子显微镜照片如图 4-14 所示。图 4-14（a）中，前驱体为 100nm 左右的空心球，边界清晰，但稍有粘连。对前驱体煅烧后，空心球的形貌几乎变化不大，粒径仍在 100nm 左右 [见图4-14 （b）]。

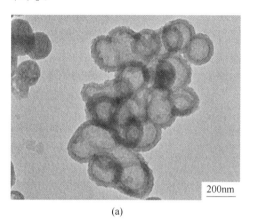
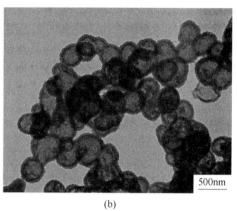

(a)　　　　　　　　　　　　　　　　(b)

图 4-14　得到前驱体和煅烧后试样的透射电子显微镜照片
（a）前驱体；（b）煅烧后试样

4.5.2　MSDS 对 Co₃O₄ 试样电化学性能的影响

溶剂为 MSDS 时，前驱体煅烧后空心球的电化学性能图如图4-15所示。图4-15（a）中，空心球在 110mA/g 的电流密度下，初始放电比容量为 611.5mA·h/g，对应的库仑效率为 94.4%。继续循环到 50 圈、100 圈后，放电比容量分别为 519.3mA·h/g 和 553.2mA·h/g，放电比容量出现了先降低又增加的趋势，这是

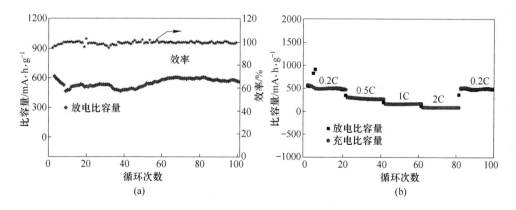

图 4-15　煅烧后试样的电化学性能曲线图
（a）循环性能曲线图，电流密度为110mA/g；（b）不同倍率下循环性能曲线图

由于随着循环的进行，电解液逐渐渗透到空心球的内部，增加了活性物质与电极片的接触面积，增加了到达电极的锂离子的数量。如图 4-15（b）所示，空心球在电流密度增加到 445mA/g 时，空心球的放电比容量下降到 483mA·h/g，继续增加电流密度到 1780mA/g，放电比容量降到 100mA·h/g 以下，说明空心球在低倍率下，循环稳定，但在高倍率下，循环稳定性下降。

因此，溶剂由乙二醇换为一缩二乙二醇长链的多元醇时，前驱体和煅烧后试样的物相变化不大，分别是无明显衍射峰值的无定形体和立方尖晶石 Co_3O_4，但形貌变化明显，由形貌规整的双层蛋黄壳亚微米球变成 200nm 左右的空心球。电化学性能显示，双层蛋黄壳亚微米球相同的低倍率或者是相同的高倍率下，放电比容量都远远高于空心球，电化学优势明显，因此乙二醇在提高材料性能方面具有的非常明显的优势。

4.6 本章小结

（1）选择不同钴源 $Co(NO_3)_2·9H_2O$、$Co(CH_3COO)_2·4H_2O$ 和 $CoSO_4·7H_2O$，在 220℃ 的乙二醇体系中进行 12h 的溶剂热反应，讨论钴源种类的不同对前驱体和煅烧后试样物相、形貌和电化学性能的影响，根据性能最佳选择最佳原料为 $Co（NO_3)_2·9H_2O$。

（2）以 $Co(NO_3)_2·9H_2O$ 为钴源在 220℃ 的乙二醇体系中进行不同时间（8h、12h、24h）的溶剂热反应，得到不同壳层的 Co_3O_4 蛋黄壳亚微米球。随着反应时间的增加，由于奥氏熟化作用蛋黄壳的壳层数量逐渐增加，但由于颗粒之间的排斥作用，壳层的形成变得越来越困难，所以多层蛋黄壳亚微米球的均匀性下降，并且详细讨论了不同壳层蛋黄壳亚微米球的成型过程。

（3）对不同壳层的亚微米球测试性能，结果显示，12h-Co 双层蛋黄壳亚微米球无论在相同倍率下循环还是在不同倍率下循环都具有明显的优势。优异的性能取决于独特的结构。

5 钒、钴复合氧化物材料的制备以及电化学性能的研究

5.1 引　言

当今，过渡金属氧化物已经吸引了越来越多的注意力，因为其作为 LIB 负极材料具有相对较低的成本、相对较高的理论容量，对环境友好、安全等优点。然而，使用过程中剧烈的体积变化降低了活性物质的循环稳定性，在一定程度上限制了它的实际应用。降低材料的粒径到纳米尺寸，既可以增加材料的表面积又可以降低锂离子的扩散路径，被证明是一种有效的能提高电化学行为的方法。但是粒径小的纳米晶，锂离子在其中穿插时会由于极化作用造成颗粒的团聚，降低性能。

相比于单相过渡金属氧化物，复合相的金属氧化物由于相互的协同作用已被证明可以提高离子的电导率、比容量和电化学稳定性。最近，一些研究已经报道了复合过渡金属氧化物微纳米结构的合成以及作为 LIB 负极材料具有理想的电化学性能。例如，楼雄文课题组报道了片层管状结构 $Co_xMn_{3-x}O_4$ 阵列微纳米结构的合成以及优良的电化学性能，在 $1\sim10C$ 的倍率下，仍可得到 $207\sim540mA \cdot h/g$ 的循环比容量。Yogesh sharma 等合成纳米相的 $ZnCo_2O_4$ 作为 LIB 负极材料，锌离子和钴离子充当相互基片，容量的可逆性归因于锌离子在合金形成和置换反应中产生的稳定的较高的容量。另外，Cherian 等采用静电纺织技术合成了连续的 $NiFeO_4$ 纳米纤维，这种纳米纤维循环 100 圈后，充电比容量仍为 $1000mA \cdot h/g$，对应的库仑效率在从第 10 圈到第 100 圈内都为 100%，无衰减。钒离子作为 LIB 负极材料最早可以追溯到 1999 年 Denis 的研究成果，研究发现不同种类的复合物 $Co(VO_3)_2$，$Co_2V_2O_7$，都具有电化学活性，具有最好结果的是 α-$Co(VO_3)_2$，高达 9.5 个 Li^+ 参与可逆反应，仅有 17% 的不可逆容量。虽然理论性能优良，但到现在为止，锂离子穿插的动力学反应以及理论比容量仍未知。考虑到充放电过程中的容量衰减太快，仅有一些关于钒钴复合材料作为锂离子负极材料的报道。

本章主要研究了 V/Co 摩尔比的不同对前驱体和烧结后试样物相、结构以及电化学性能的变化影响。

5.2 钒钴复合氧化物材料的制备

以乙酰丙酮氧钒 VO(acac)$_2$ 为钒源，以 Co(NO$_3$)$_2$·9H$_2$O 为钴源，原料总量为 2.8mmol，取不同的 V/Co 摩尔比 2:1、2.5:1、3:1、5:1 进行实验。分别取一定量的 Co(NO$_3$)$_2$·9H$_2$O 加入 40mL 的乙二醇中，搅拌 30min，然后再取一定量的 VO(acac)$_2$ 加入澄清的 Co(NO$_3$)$_2$·9H$_2$O 溶液中，搅拌 2h，把悬浊液转移到 50mL 的聚四氟乙烯内衬的高压釜中，然后放入电热鼓风干燥箱中，220℃加热 12h，反应后，试样自然冷却到室温，离心分离收集固体样品，用无水乙醇清洗 3~4 次，至澄清，放在 80℃干燥箱中干燥 12h，自然冷却到室温。最后把前驱体置于马弗炉中以 5℃/3min 的升温速度，加热到 400℃煅烧 24h，自然冷却到室温，收集产品放入指定容器，以待检测。V/Co 摩尔比 2:1、2.5:1、3:1、5:1 的试样分别命名为 V/Co-2、V/Co-2.5、V/Co-3、V/Co-5。

5.3 V/Co 摩尔比对钒钴复合氧化物材料的影响

5.3.1 V/Co 摩尔比对钒钴复合氧化物材料前驱体物相和形貌的影响

前驱体的 X 射线衍射谱图如图 5-1 所示，当 V/Co 摩尔比分别为 2:1、2.5:1、3:1、5:1 时，前驱体的物相变化不明显，谱图在 10°左右有一个尖锐的衍射峰，物相对应于钒钴复合物的醇酸盐。V/Co-2.5 和 V/Co-3 试样的衍射峰强度优于另外两组试样 [见图 5-1 (b) 和 (c)]。

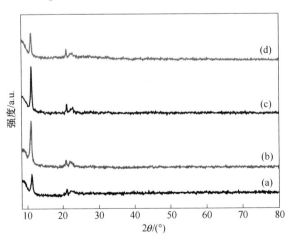

图 5-1 前驱体试样的 X 射线衍射谱图

(a) V/Co-2；(b) V/Co-2.5；(c) V/Co-3；(d) V/Co-5

5.3.2 V/Co 摩尔比对钒钴复合氧化物材料物相和形貌的影响

四组前躯体试样在空气中 400℃煅烧 24h 后的 X 射线衍射谱图如图 5-2 所示，图 5-2（a）和（b）中，当 V/Co 摩尔比为 2∶1、2.5∶1、3∶1 时，衍射峰的位置基本一样，衍射峰位于 20.4°、27.5°、28.8°、29.4°、32.9°、38.9°、41.1°、47.3°、48.7°、52.2°、56.4°、61.0°和 62.1°，匹配于三斜晶系 CoV_2O_6（JCPDS 卡片号 38-0090）的（20-1）、（110）、（20-2）、（201）、（111）、（31-1）、（003）、（311）、（40-3）、（020）、（51-1）、（221）和（51-3）晶面，另外衍射峰位于 23.2°有一明显的尖锐峰，对应与三斜晶系 CoV_2O_6（JCPDS 卡片号 65-0131），但无明显尖晶石的 V_2O_5 衍射峰。当 V/Co 摩尔比为 3∶1 时［见图 5-2（c）］，除了两种三斜晶系的 CoV_2O_6 外，衍射峰位于 21.7°处有一尖锐峰，对应正交晶系 V_2O_5（JCPDS 卡片号 65-0131）的（101）晶面。当 V/Co 摩尔比为 5∶1 时，于 23.2°处无明显的衍射峰，只有尖晶石 CoV_2O_6（JCPDS 卡片号 38-0090）的衍射峰。在 15.2°、26.2°、36.1°处有峰，对应于正交晶系的 V_2O_5（JCPDS 卡片号 65-0131），因此是 CoV_2O_6 和 V_2O_5 的混合相。

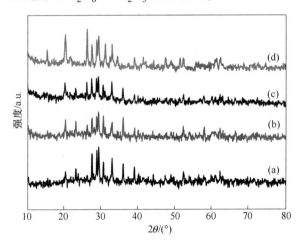

图 5-2　煅烧后试样 X 射线衍射谱图
（a）V/Co-2；（b）V/Co-2.5；（c）V/Co-3；（d）V/Co-5

不同 V/Co 摩尔比的前躯体在 400℃空气中煅烧 24h 得到试样的扫描透射电子显微镜照片如图 5-3 所示。图 5-3（a）中，当 V/Co 摩尔比为 2∶1 时，得到粒径为 2~3μm，中间个别有凹陷的实心球。V/Co 摩尔比增加到 2.5∶1 时，试样的微观形貌是粒径在 2~3μm 的空心球［见图 5-3（b）］，而且球的表面长出了一些毛刺。如图 5-3（c）所示，继续增加 V/Co 摩尔比到 3∶1 时，试样为规整的有内胆的，表面有凹陷的微米刺球，球的粒径仍为 3μm 左右，破裂的球可以帮助我们清楚地看到实心小球的内胆。图 5-3（d）中，当 V/Co 摩尔比为 5∶1 时，煅烧后的试样为粒径在 6~7μm 片状组装的微米球。

图 5-3 试样的扫描电子显微镜照片

（a）V/Co-2；（b）V/Co-2.5；（c）V/Co-3；（d）V/Co-5

为了进一步验证不同 V/Co 摩尔投料比试样煅烧后成分的原子摩尔比的情况，进行了 EDX 测试，测试结果如下。

当 V/Co 的投料摩尔比为 2∶1 时，根据能量色散谱图照片（见图 5-4）和原子数分数，计算出产物中 V、Co 原子摩尔比的近似值为 2∶1。采用同样的方法，计算出其他三组煅烧后试样表面原子 V、Co 的原子摩尔比分别为 2.6∶1、2.9∶1 和 4.9∶1，与原料的 V/Co 摩尔投料比非常相近。

V/Co 不同摩尔比原料煅烧后的原子摩尔比见表 5-1。

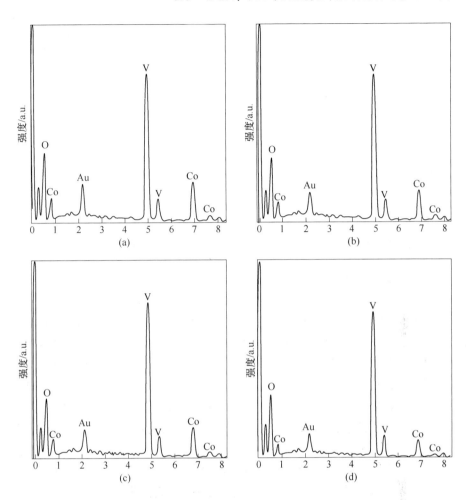

图 5-4 能量色散谱图

(a) V/Co-2；(b) V/Co-2.5；(c) V/Co-3；(d) V/Co-5

表 5-1 V/Co 不同摩尔比原料煅烧后的原子摩尔比

序号	元素名称	元素质量分数/%	原子数分数/%	原子摩尔比近似值
	O	31.46	60.55	4.8
图 5-4（a）	V	44.41	26.84	2
	Co	24.13	12.61	1
	O	30.11	58.87	5
图 5-4（b）	V	48.52	29.79	2.6
	Co	21.37	11.34	1

续表 5-1

序号	元素名称	元素质量分数/%	原子数分数/%	原子摩尔比近似值
图 5-4（c）	O	32.42	61.37	6.2
	V	48.36	28.78	2.9
	Co	19.22	9.88	1
图 5-4（d）	O	34.02	62.75	10
	V	53.46	30.97	4.9
	Co	12.53	6.27	1

5.3.3　V/Co 摩尔比对钒钴复合氧化物材料电化学性能的影响

V/Co-2.5 试样的循环伏安曲线图如图 5-5 所示。图 5-5 中，第二圈和第三圈的充放电曲线图基本一样，但第一圈和第二圈的充放电循环图有明显差别。在第一圈的放电曲线中，电压位于 2.17V 和 1.75V 处有两个明显的还原峰，对应的物相转化为 CoV_2O_6 转化为 LiV_2O_5 和 $Co_3V_2O_8$。在 0.23~2V 和 0~0.23V 的低压区域内，两个连续的还原峰分别对应于 $Co_3V_2O_8$ 转化为 $Li_xV_2O_5$ 和 CoO，CoO 还原为单质 Co。从第二圈开始，在 2.17V 和 1.75V 的电压处，还原峰消失，说明 CoV_2O_6 转化为 LiV_2O_5 和 $Co_3V_2O_8$ 是不可逆反应，在电压 0.32V 和 0.01V 处，第二、第三圈的还原峰与第一圈相比变化不大，说明此处的放电过程存在可逆的物相转化反应。在充电曲线上，前三圈的氧化峰基本一样，电压在 0.26V 处有一明显的峰，对应于锂离子从电极上的脱出，在 0.64、1.22、2.66V 的电压处，有三个连续的氧化峰，归因于 Li^+ 从 $Li_xV_2O_5$ 里的脱出和单质 Co 氧化为 CoO 的物相转化。

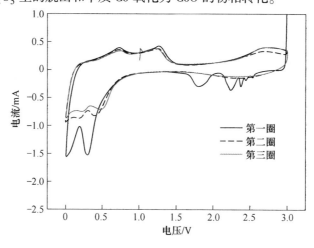

图 5-5　循环伏安曲线图（CV）

不同 V/Co 摩尔比试样的电化学性能曲线图如图 5-6 所示，电压范围 0.01~3V。图 5-6（a）~（c）中，V/Co-2 和 V/Co-2.5 试样的初始充放电比容量分别为 680.2、928.5mA·h/g 和 242.8、539.8mA·h/g，对应的库仑效率分别为 73.3% 和 45%，V/Co-2.5 试样的第一圈的初始充电的库仑效率比较低，是由于锂离子的不可逆反应在电极表面产生了 SEI 膜。在相同倍率下，循环 30 圈后，V/Co-2 和 V/Co-2.5 试样的充放电比容量分别为 416.3、418.4mA·h/g 和 425.1、424.4mA·h/g，对应的库仑效率分别为 99.5% 和 100.2%，放电比容量保持率分别为 45.06% 和 78.62%。继续循环 50 圈后，两组试样的充放电比容量分别为 365.7、362.9mA·h/g 和 396.7、398.3mA·h/g，对应的库仑效率分别为 100.8% 和 99.6%，放电比容量保持率分别为 39.08% 和 73.78%。虽然 V/Co 摩尔比为 2:1 试样的初始充放电比容量高于 V/Co 摩尔比为 2.5:1 的试样，但 50 圈后，V/Co 摩尔比为 2:1 试样的初始充放电比容量低于 V/Co 摩尔比为 2.5:1 的试样，而且容量保持率也低于 V/Co 摩尔比为 2.5:1 的试样。电流密度增加到 500mA/g 时，V/Co-2.5 试样的初始充放电比容量分别为 424.6mA·h/g 和

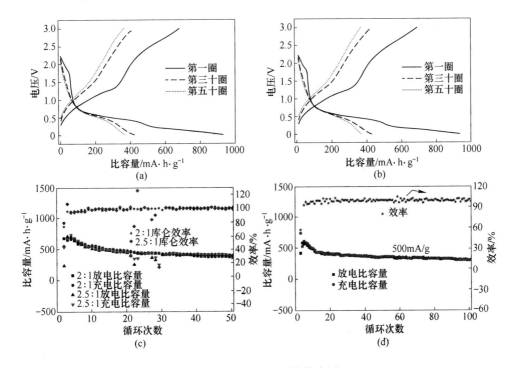

图 5-6　试样电化学性能曲线图

（a）V/Co 摩尔比为 2:1 电压-容量曲线图（电流密度 330mA/g）；

（b）V/Co 摩尔比为 2.5:1 电压-容量曲线图（电流密度为 330mA/g）；

（c）不同 V/Co 摩尔比试样在相同倍率下循环曲线图（电流密度为 330mA/g）；

（d）V/Co 摩尔比为 2.5:1 试样在电流密度为 500mA/g 下循环曲线图

745mA·h/g，对应的库仑效率为 57%。循环 100 圈后，充放电比容量分别为 308.2mA·h/g 和 315.6mA·h/g。以上结果显示，V/Co-2.5 的试样在高倍率下有较好的循环稳定性。值得一提的是，V/Co 摩尔比为 3∶1 和 5∶1 的试样，循环性较差，几乎没有循环。可能是由于产物中有过量的 V_2O_5，V_2O_5 的充放电循环与钒钴复合氧化物的循环过程不匹配，在循环中比容量相互抵消。

5.4 本章小结

（1）采用溶剂热方法，合成了不同 V/Co 摩尔比的钒钴复合物醇酸盐，经 400℃煅烧后，得到了不同物相的钒钴氧化物复合材料，探讨了 V/Co 摩尔比对产物物相形貌及电化学性能的影响。

（2）试样 V/Co-2 和 V/Co-2.5 的物相在煅烧前后基本保持不变，前驱体为钒钴复合材料的醇酸盐，煅烧后试样为两个晶相的三斜晶系 CoV_2O_6，V/Co-3 试样煅烧后为两种晶相的 CoV_2O_6 和 V_2O_5 的混合相，但 V/Co-5 试样煅烧后试样却是单一晶相 CoV_2O_6 和 V_2O_5 的混合物。

（3）V/Co-2.5 的循环伏安图显示，在充放电过程中，CoV_2O_6 发生了多步反应。循环性能测试显示，V/Co-2.5 试样在 500mA/g 的电流密度下，初始放电比容量为 745mA·h/g，循环 100 圈后，充放电比容量为 315.6mA·h/g。

6 结论与不足

本书通过简单的溶剂热加空气中高温烧结的两步反应过程制备了钒、钴和钒钴复合氧化物微纳米材料，作为 LIB 电极活性组分，通过多种表征方法揭示了材料的物相、微结构与其电化学性能间的关系，得到的主要结论如下：

（1）以自制的乙酰丙酮氧钒 VO（acac）$_2$ 为钒源，直接经 600℃ 空气中高温煅烧得到结晶性良好的正交相的 V_2O_5 纳米棒。其作为 LIB 正极材料，在 1C 倍率下充放电，电池循环 200 圈后放电比容量可达 226.9mA·h/g。但是电流密度增加到 900mA/g 时，充放电比容量衰减严重。

（2）将乙酰丙酮氧钒溶于乙二醇，经一定时间的溶剂热过程，首先得到钒的醇酸盐前驱体，再经 600℃ 空气中高温煅烧得到正交相的 V_2O_5。通过考察钒源与溶剂的比例，溶剂热时间等因素，发现溶剂热反应时间影响了前驱体的奥氏熟化过程，进而影响了产品的形貌；最终确定在 40mL 乙二醇中投料 0.75g 乙酰丙酮氧钒，经 17h 溶剂热反应后得到片状组装的超大 V_2O_5 微米球。该材料经电化学性能测试，在 1C 的倍率下，初始放电比容量为 275.7mA·h/g，循环 200 圈后，仍可得到 243.8mA·h/g 的放电比容量，容量保持率为 88.43%。当电流密度增加到 5C 时，循环 500 圈后，仍得到 200mA·h/g 左右的放电比容量，容量保持率为 78.41%。这一优异的电化学性能主要得益于片状组装的 V_2O_5 球状稳定结构，其有利于电荷转移和降低可能产生的体积效应。

（3）采用溶剂热加煅烧的两步实验方法，合成了 Co_3O_4 微纳米结构材料作为 LIB 负极材料。通过考察不同钴源（硝酸钴、醋酸钴、硫酸钴），溶剂热时间（8、12、24h）和不同溶剂（乙二醇、一缩二乙二醇）发现钴源中的阴离子硝酸根及溶剂乙二醇对无定形实心球前驱体的形成起到关键作用。而煅烧时间的不同得到了不同壳层的蛋黄壳结构的微纳米球（8h、单层，12h、双层，24h、三层），电化学性能测试显示，12h-Co 试样在 178mA/g 的电流密度下，充放电比容量最优，循环 70 圈后，仍可得到 1091.6mA·h/g 的放电比容量。电流密度增加到 2C 时，放电比容量仍为 641.6mA·h/g。该优异的电化学性能主要归因于特殊的核壳结构，其可以缩短电子、离子传输距离又可有效降低充放电过程中的体积效应。

（4）采用溶剂热方法，合成了不同 V/Co 摩尔比的钒钴复合物醇酸盐，经 400℃ 煅烧后，得到了不同物相的钒钴氧化物复合材料，比较了 V/Co 摩尔比的不同（5：1、3：1、2.5：1、2：1）对产品物相、结构和电池性能的影响。当 V/Co摩尔比为 2.5：1 时，经煅烧后得到两个晶相的空心 CoV_2O_6 微米球，在 500mA/g 的电流密度下，循环 100 圈后，放电比容量为 315.6mA·h/g。中空结构以及复合氧化物的协同效应对材料电化学性能的提高具有重要作用。

本书的不足如下：

（1）采用不同的钴源合成了不同结构的 Co_3O_4 亚微米球，并讨论了结构的形成过程，但对钴源中硝酸根阴离子和乙二醇的具体作用机理探讨得不够深入，深入研究详细的反应过程，将有利于设计和合成性能更优异的多层蛋黄壳结构的其他材料。

（2）虽然合成了不同结构的钒钴复合物材料，但对结构的形成过程研究的不够细致，复合材料具备良好的协同效应，提高了其在高倍率下的电化学循环性能，但对协同效应机理的探讨不够深入，搞清作用机理将有利于设计和构筑新型的复合材料。

参 考 文 献

［1］ WINTER M, BRODD R J. What are batteries, fuel cells, supercapacitors? ［J］. Chemical Review, 2004, 104 (10): 4245-4270.

［2］ ZHAO Y, JIANG L. Hollow micro/nanomaterials with multilevel interior structures ［J］. Advanced Materials, 2009, 21 (36): 3621-3638.

［3］ KIEFER W. Recent advances in linear and nonlinear raman spectroscopy I ［J］. Journal of Raman Spectroscopy, 2007, 38 (12): 1538-1553.

［4］ LIU J, QIAO S Z, BUDI HARTONO S, et al. Monodisperse yolk-shell nanoparticles with a hierarchical porous structure for delivery vehicles and nanoreactors ［J］. Angewandte Chemie, 2010, 49 (29): 4981-4985.

［5］ SU D W, AHN H J, WANG G X. SnO$_2$@ graphene nanocomposites as anode materials for Na-ion batteries with superior electrochemical performance ［J］. Chemical Communications, 2013, 49 (30): 3131-3133.

［6］ CHEN J, XU L N, LI W Y, et al. α-Fe$_2$O$_3$ nanotubes in gas sensor and lithium-ion battery application ［J］. Advanced Materials, 2005, 17 (5): 582-586.

［7］ LEE K K, LOH P Y, SOW C H, et al. CoOOH nanosheets on cobalt substrate as a non-enzymatic glucose sensor ［J］. Electrochemistry Communications, 2012, 20: 128-132.

［8］ ZHOU X J, ZHU Y W, MURALI S, et al. Nanostructured reduced grapheme oxide/Fe$_2$O$_3$ composite as a high-performance anode material for lithium-ion batteries ［J］. ACS Nano, 2011, 5 (4): 3333-3338.

［9］ ZHANG X J, WANG G F, GU A X, et al. CuS nanotubes for ultrasensitive nonenzymatic glucose sensors ［J］. Chemical Communications, 2008, 45: 5945-5947.

［10］ ZHOU W W, ZHU J X, CHENG C W, et al. A general strategy toward graphene @ metal oxide core-shell nanostructures for high-performance lithium storage ［J］. Energy & Environmental Science, 2011, 4 (12): 4954-4961.

［11］ LIU W, FENG L J, ZHANG C, et al. A facile hydrothermal synthesis of 3D flowerlike CeO$_2$ via a cerium oxalate precursor ［J］. Journal of Materials Chemistry A, 2013, 1 (23): 6942-6948.

［12］ FAN C M, ZHANG L F, WANG S S, et al. Novel CeO$_2$ yolk-shell structures loaded with tiny Au nanoparticles for superior catalytic reduction of p-nitrophenol ［J］. Nanoscale, 2012, 4 (21): 6835-6840.

［13］ LIU W, LIU X F, FENG L J, et al. The synthesis of CeO$_2$ nanospheres with different hollowness and size induced by copper doping ［J］. Nanoscale, 2014, 6 (18): 10693-10700.

［14］ WEI J J, YANG Z Y, YANG Y Z. Fabrication of three dimensional CeO$_2$ hierarchical structures: precursor template synthesis formation mechanism and properties ［J］. Crystals Engineer Communication, 2011, 13 (7): 2418-2424.

［15］ BROWN E R, SOLLNER T C L G, PARKER C D, et al. Oscillations up to 420 GHz in GaAs/

AlAs resonant tunneling diodes [J]. Applied Physics Letters, 1989, 55 (17): 1777-1779.

[16] MCLNTYRE D, GREENE J E, HÅKANSSON G, et al. Oxidation of metastable single-phase polycrystalline Ti0. 5Al0. 5N films: kinetics and mechanisms [J]. Journal of Applied Physics, 1990, 67 (3): 1542-1553.

[17] ROSSETTI R, BRUS L E. Picosecond resonance raman-scattering study of methylviologen reduction on the surface of photoexcited colloidal Cds crystallites [J]. Journal of Physical Chemistry, 1986, 90 (4): 558-560.

[18] ZHOU Y G, YANG S, QIAN Q Y, et al. Gold nanoparticles integrated in a nanotube array for electrochemical detection of glucose [J]. Electrochemistry Communications, 2009, 11 (1): 216-219.

[19] BRUS L E. Electron-electron and electron-hole interactions in small semiconductor crystallites: the size dependence of the lowest excited electronic state [J]. The Journal of Chemical Physics, 1984, 80 (9): 4403-4409.

[20] JÖRG K, MARCUS B, RAM S, et al. Crystallization of $SrCO_3$ on a self-assembled monolayer substrate an in-situ synchrotron X-ray study [J]. Journal of Materials Chemistry, 2001, 11 (2): 503-506.

[21] PAN A Q, ZHANG J G, NIE Z M, et al. Facile synthesized nanorod structured vanadium pentoxide for high-rate lithium batteries [J]. Journal of Materials Chemistry, 2010, 20 (41): 9193-9199.

[22] GU X, CHEN L, JU Z C, et al. Controlled growth of porous α-Fe_2O_3 branches on β-MnO_2 nanorods for excellent performance in lithium-ion batteries [J]. Advanced Functional Materials, 2013, 23 (32): 4049-4056.

[23] ZHOU W W, TAY Y Y, JIA X T, et al. Controlled growth of SnO_2@ Fe_2O_3 double-sided nanocombs as anodes for lithium-ion batteries [J]. Nanoscale, 2012, 4 (15): 4459-4463.

[24] 迟雯, 王欢, 施琴, 等. 固相烧结合成 WSe 纳米棒的微观形貌及摩擦学性能 [J]. 机械工程材料, 2015, 39 (11): 56-60.

[25] COURTIN E, BOY P, ROUHET C, et al. Optimized sol-gel routes to synthesize yttria-stabilized zirconia thin films as solid electrolytes for solid oxide fuel cells [J]. Chemistry of Materials, 2012, 24 (23): 4540-4548.

[26] WANG J, PAMIDI P. Sol-gel-derived gold composite electrodes [J]. Analytical Chemistry, 1997, 69 (21): 4490-4494.

[27] BABOORAM K, NARAIN R. Fabrication of SWNT/silica composites by the sol-gel process [J]. ACS Applied Materials & Interfaces, 2009, 1 (1): 181-186.

[28] WHITAKER K M, RASKIN M, KILIANI G, et al. Spin-on spintronics: ultrafast electron spin dynamics in ZnO and $Zn_{1-x}Co_xO$ sol-gel films [J]. Nano Letters, 2011, 11 (8): 3355-3360.

[29] CHALLAGULLA S, NAGARJUNA R, GANESAN R, et al. Acrylate-based polymerizable sol-gel synthesis of magnetically recoverable TiO_2 supported Fe_3O_4 for Cr (VI) photoreduction in aerobic atmosphere [J]. ACS Sustainable Chemistry & Engineering, 2016, 4 (3): 974-982.

[30] XU H R, GAO L, GU H C, et al. Synthesis of solid, spherical CeO_2 particles prepared by the

spray hydrolysis reaction method [J]. Journal of the American Ceramic Society, 2002, 85 (1): 139-144.

[31] CHOI S H, KANG Y C. Yolk-shell hollow and single-crystalline $ZnCo_2O_4$ powders: preparation using a simple one-pot process and application in lithium-ion batteries [J]. ChemSusChem, 2013, 6 (11): 2111-2116.

[32] MUELLER R, MÄDLER L, PRATSINIS S E. Nanoparticle synthesis at high production rates by flame spray pyrolysis [J]. Chemical Engineering Science, 2003, 58 (10): 1969-1976.

[33] TANIGUCHI I, MATSUDA K, FURUBAYASHI H, et al. Preparation of $LiMn_2O_4$ powders via spray pyrolysis and fluidized bed hybrid system [J]. AIChE Journal, 2006, 52 (7): 2413-2421.

[34] YANG K M, HONG Y J, KANG Y C. Electrochemical properties of yolk-shell-structured CuO-Fe_2O_3 powders with various Cu/Fe molar ratios prepared by one-pot spray pyrolysis [J]. ChemSusChem, 2013, 6 (12): 2299-2303.

[35] SIM C M, HONG Y J, KANG Y C. Electrochemical properties of yolk-shell hollow and dense WO_3 particles prepared by using spray pyrolysis [J]. ChemSusChem, 2013, 6 (8): 1320-1325.

[36] PARK G D, KANG Y C. One-pot Synthesis of $CoSe_x$ _r GO composite powders by spray pyrolysis and their application as anode material for sodium-ion batteries [J]. Journal of Materials Chemistry, 2016, 22 (12): 4140-4146.

[37] CHOI S H, KANG Y C. Using simple spray pyrolysis to prepare yolk-shell-structured ZnO-Mn_3O_4 systems with the optimum composition for superior electrochemical properties [J]. Journal of Materials Chemistry, 2014, 20 (11): 3014-3018.

[38] QIN L, ZHU Q, LI G, et al. Controlled fabrication of flower-like ZnO-Fe_2O_3 nanostructured films with excellent lithium storage properties through a partly sacrificed template method [J]. Journal of Materials Chemistry, 2012, 22 (15): 7544-7550.

[39] ZENG W Q, ZHENG F P, LI R Z, et al. Template synthesis of SnO_2/α-Fe_2O_3 nanotube array for 3D lithium-ion battery anode with large areal capacity [J]. Nanoscale, 2012, 4 (8): 2760-2765.

[40] XU H L, WANG W Z. Template synthesis of multishelled Cu_2O hollow spheres with a single-crystalline shell wall [J]. Angewandte Chemie, 2007, 46 (9): 1489-1492.

[41] CAO A M, HU J S, LIANG H P, et al. Self-assembled vanadium pentoxide (V_2O_5) hollow microspheres from nanorods and their application in lithium-ion batteries [J]. Angewandte Chemie, 2005, 44 (28): 4391-4395.

[42] WANG X, WU X L, GUO Y G, et al. Synthesis and lithium storage properties of Co_3O_4 nanosheet-assembled multishelled hollow spheres [J]. Advanced Functional Materials, 2010, 20 (10): 1680-1686.

[43] JIANG X C, HERRICKS T, XIA Y N. Monodispersed spherical colloids of titania: synthesis characterization and crystallization [J]. Advanced Materials, 2003, 15 (14): 1205-1209.

[44] CHEN J S, LI C M, ZHOU W W, et al. One-pot formation of SnO_2 hollow nanospheres and

alpha-Fe$_2$O$_3$@SnO$_2$ nanorattles with large void space and their lithium storage properties [J]. Nanoscale, 2009, 1 (2): 280-285.

[45] WANG Y, XU J, WU H, et al. Hierarchical SnO$_2$-Fe$_2$O$_3$ heterostructures as lithium-ion battery anodes [J]. Journal of Materials Chemistry, 2012, 22 (41): 21923-21927.

[46] ZHU J X, LU Z Y, OO M O, et al. Synergetic approach to achieve enhanced lithium ion storage performance in ternary phased SnO$_2$-Fe$_2$O$_3$/rGO composite nanostructures [J]. Journal of Materials Chemistry, 2011, 21 (34): 12770-12776.

[47] JIANG X C, WANG Y L, HERRICKS T, et al. Ethylene glycol-mediated synthesis of metal oxide nanowires [J]. Journal of Materials Chemistry, 2004, 14 (4): 695-703.

[48] UCHAKER E, ZHOU N, LI Y W, et al. Polyol-mediated solvothermal synthesis and electrochemical performance of nanostructured V$_2$O$_5$ hollow microspheres [J]. The Journal of Physical Chemistry C, 2013, 117 (4): 1621-1626.

[49] LIU L, YANG H X, WEI J J, et al. Controllable synthesis of monodisperse Mn$_3$O$_4$ and Mn$_2$O$_3$ nanostructures via a solvothermal route [J]. Materials Letters, 2011, 65 (4): 694-697.

[50] WEI J J, YANG Z J, YANG Y Z, et al. Monodisperse CeO$_2$ sub-micro spherical aggregates with controllable building blocks [J]. Crystal Research and Technology, 2011, 46 (2): 201-204.

[51] XIE A R, LIU W, WANG S P, et al. Template-free hydrothermal synthesis and CO oxidation properties of flower-like CeO$_2$ nanostructures [J]. Materials Research Bulletin, 2014, 59 (11): 18-24.

[52] XIE A R, WANG S P, LIU W, et al. Rapid hydrothermal synthesis of CeO$_2$ nanoparticles with (220)-dominated surface and its CO catalytic performance [J]. Materials Research Bulletin, 2015, 62: 148-152.

[53] YANG F, WEI J J, LIU W, et al. Copper doped ceria nanospheres: surface defects promoted catalytic activity and a versatile approach [J]. Journal of Materials Chemistry A, 2014, 2 (16): 5662-5667.

[54] ZDRAVKOVIĆ J, SIMOVIĆ B, GOLUBOVIĆ A, et al. Comparative study of CeO$_2$ nanopowders obtained by the hydrothermal method from various precursors [J]. Ceramics International, 2015, 41 (2): 1970-1979.

[55] 吕少仿. 碳纳米管化学修饰电极及其在药物分析中的应用 [J]. 孝感学院学报, 2003, 23 (6): 41-44.

[56] 田立国. 碳纳米管表面活性化及其在生物医药中的应用 [J]. 功能材料, 2009, 40 (2): 177-180.

[57] JIN L N, LIU Q, SUN W Y. Large-scale synthesis of porous yolk-shell structured In$_2$O$_3$ using indium (Ⅲ) benzophenone-44'-dicarboxylate sub-microspheres as precursors [J]. Materials Letters, 2013, 102-103: 112-115.

[58] WU M Z, ZHANG X F, GAO S, et al. Construction of monodisperse vanadium pentoxide hollow spheres via a facile route and triethylamine sensing property [J]. Crystal Engineer Communications, 2013, 15 (46): 10123-10131.

［59］ BAI J, LI X G, LIU G Z, et al. Unusual formation of $ZnCo_2O_4$ 3D hierarchical twin microspheres as a high-rate and ultralong-life lithium-ion battery anode material ［J］. Advanced Functional Materials, 2014, 24 (20): 3012-3020.

［60］ GARAKANI M A, ABOUALI S, ZHANG B, et al. Cobalt carbonate/and cobalt oxide/graphene aerogel composite anodes for high performance Li-ion batteries ［J］. ACS Applied Materials & Interfaces, 2014, 6 (21): 18971-18980.

［61］ LEE J W, LIM S Y, JEONG H M, et al. Extremely stable cycling of ultra-thin V_2O_5 nanowire-graphene electrodes for lithium rechargeable battery cathodes ［J］. Energy & Environmental Science, 2012, 5 (12): 9889-9894.

［62］ LIU H M, YANG W S. Ultralong single crystalline V_2O_5 nanowire/graphene composite fabricated by a facile green approach and its lithium storage behavior ［J］. Energy & Environmental Science, 2011, 4 (10): 4000-4008.

［63］ SON M Y, HONG Y J, KANG Y C. Superior electrochemical properties of Co_3O_4 yolk-shell powders with a filled core and multishells prepared by a one-pot spray pyrolysis ［J］. Chemical Communications, 2013, 49 (50): 5678-5680.

［64］ SUN Y M, HU X L, LUO W, et al. Self-assembled mesoporous CoO nanodisks as a long-life anode material for lithium-ion batteries ［J］. Journal of Materials Chemistry, 2012, 22 (27): 13826-13831.

［65］ WANG S Q, LI S R, SUN Y, et al. Three-dimensional porous V_2O_5 cathode with ultra high rate capability ［J］. Energy & Environmental Science, 2011, 4 (8): 2854-2857.

［66］ ZHANG C F, CHEN Z X, GUO Z P, et al. Additive-free synthesis of 3D porous V_2O_5 hierarchical microspheres with enhanced lithium storage properties ［J］. Energy & Environmental Science, 2013, 6 (3): 974-978.

［67］ GOODENOUGH J B, PARK K S. The Li-ion rechargeable battery: a perspective ［J］. Journal of the American Chemical Society, 2013, 135 (4): 1167-1176.

［68］ KANG K, MENG Y S, BRÉGER J, et al. Electrodes with High Power and High Capacity for Rechargeable Lithium Batteries ［J］. Science, 2006, 311 (5763): 977-980.

［69］ LIU W N, HU G R, DU K, et al. Synthesis and characterization of $LiCoO_2$-coated $LiNi_{0.8}Co_{0.15}Al_{0.05}O_2$ cathode materials ［J］. Materials Letters, 2012, 83: 11-13.

［70］ XIAO J, CHERNOVA N A, WHITTINGHAM M S. Influence of manganese content on the performance of $liNi_{0.9-y}Mn_yCo_{0.1}O_2$ ($0.45 \leqslant y \leqslant 0.60$) as a cathode material for Li-ion batteries ［J］. Chemistry of Materials, 2010, 22 (3): 1180-1185.

［71］ ZHONG Z H, YE N Q, WANG H, et al. Low temperature combustion synthesis and performance of spherical $0.5Li_2MnO_3$-$LiNi_{0.5}Mn_{0.5}O_2$ cathode material for Li-ion batteries ［J］. Chemical Engineering Journal, 2011, 175: 579-584.

［72］ HOSONO E, KUDO T, HONMA I, et al. Synthesis of single crystalline spinel $LiMn_2O_4$ nanowires for a lithium ion battery with high power density ［J］. Nano Letters, 2009, 9 (3): 1045-1051.

［73］ KIM D K, MURALIDHARAN P, LEE H W, et al. Spinel $LiMn_2O_4$ nanorods as lithium ion battery cathodes [J]. Nano Letters, 2008, 8 (11): 3948-3952.

[74] BRUCE P G, SCROSATI B, TARASCON J M. Nanomaterials for rechargeable lithium batteries [J]. Angewandte Chemie, 2008, 47 (16): 2930-2946.

[75] LEE S H, CHO Y, SONG H K, et al. Carbon-coated single-crystal $LiMn_2O_4$ nanoparticle clusters as cathode material for high-energy and high-power lithium-ion batteries [J]. Angewandte Chemie, 2012, 51 (35): 8748-8752.

[76] DING Y L, ZHAO X B, XIE J, et al. Double-shelled hollow microspheres of $LiMn_2O_4$ for high-performance lithium ion batteries [J]. Journal of Materials Chemistry, 2011, 21 (26): 9475-9479.

[77] SANTHANAM R, RAMBABU B. Research progress in high voltage spinel $LiNi_{0.5}Mn_{1.5}O_4$ material [J]. Journal of Power Sources, 2010, 195 (17): 5442-5451.

[78] BAI Z C, FAN N, JU Z C, et al. $LiMn_2O_4$ nanorods synthesized by MnOOH template for lithium-ion batteries with good performance [J]. Materials Letters, 2012, 76: 124-126.

[79] YANG J L, WANG J J, TANG Y J, et al. $LiFePO_4$-graphene as a superior cathode material for rechargeable lithium batteries: impact of stacked graphene and unfolded graphene [J]. Energy & Environmental Science, 2013, 6 (5): 1521-1528.

[80] WANG L, HE X M, SUN W T, et al. Crystal orientation tuning of $LiFePO_4$ nanoplates for high rate lithium battery cathode materials [J]. Nano Letters, 2012, 12 (11): 5632-5636.

[81] CHUNG S Y, BLOKING J T, CHIANG Y M. Electronically conductive phospho-olivines as lithium storage electrodes [J]. Nature Materials, 2002, 1: 123-128.

[82] OH S M, OH S W, YOON C S, et al. High-performance carbon-$LiMnPO_4$ nanocomposite cathode for lithium batteries [J]. Advanced Functional Materials, 2010, 20 (19): 3260-3265.

[83] LI G H, AZUMA H, TOHDA M. $LiMnPO_4$ as the Cathode for Lithium Batteries [J]. Electrochemical and Solid-State Letters, 2002, 5 (6): A135-A137.

[84] ARROYO-DEDOMPABLO M E, DOMINKO R, GALLARDO-AMORES J M, et al. On the energetic stability and electrochemistry of Li_2MnSiO_4 polymorphs [J]. Chemistry of Materials, 2008, 20 (17): 5574-5584.

[85] NISHIMURA S, HAYASE S, KANNO R, et al. Structure of Li_2FeSiO_4 [J]. Journal of the American Chemical Society, 2008, 130 (40): 13212-13213.

[86] KUGANATHAN N, ISLAM M S. Li_2MnSiO_4 lithium battery material: atomic-scale study of defects lithium mobility and trivalent dopants [J]. Chemistry of Materials, 2009, 21 (21): 5196-5202.

[87] ARMSTRONG A R, KUGANATHAN N, ISLAM M S, et al. Structure and lithium transport pathways in Li_2FeSiO_4 cathodes for lithium batteries [J]. Journal of the American Chemical Society, 2011, 133 (33): 13031-13035.

[88] SIRISOPANAPORN C, MASQUELIER C, BRUCE P G, et al. Dependence of Li_2FeSiO_4 electrochemistry on structure [J]. Journal of the American Chemical Society, 2011, 133 (5): 1263-1265.

[89] LEGAGNEUR V, MOSBAH A, PORTAL R, et al. LiMBO$_3$ (M = Mn Fe Co): synthesis crystal structure and lithium deinsertion/insertion properties [J]. Solid State Ionics, 2001, 139 (1/2): 37-46.

[90] YAMADA A, IWANE N, HARADA Y, et al. Lithium iron borates as high-capacity battery electrodes [J]. Advanced Materials, 2010, 22 (32): 3583-3587.

[91] JANSSEN Y, MIDDLEMISS D S, BO S H, et al. Structural modulation in the high capacity battery cathode material LiFeBO$_3$ [J]. Journal of the American Chemical Society, 2012, 134 (30): 12516-12527.

[92] NISHIMURA S I, NAKAMURA M, NATSUI R, et al. New lithium iron pyrophosphate as 3.5 V class cathode material for lithium ion battery [J]. Journal of the American Chemical Society, 2010, 132 (39): 13596-13597.

[93] BADDOUR-HADJEAN R, SMIRNOV M B, SMIRNOV K S, et al. Lattice dynamics of beta-V$_2$O$_5$: raman spectroscopic insight into the atomistic structure of a high-pressure vanadium pentoxide polymorph [J]. Inorganic Chemistry, 2012, 51 (5): 3194-3201.

[94] SHIN J, JUNG H, KIM Y, et al. Carbon-coated V$_2$O$_5$ nanoparticles with enhanced electrochemical performance as a cathode material for lithium ion batteries [J]. Journal of Alloys and Compounds, 2014, 589: 322-329.

[95] SU D W, DOU S X, WANG G X. Hierarchical orthorhombic V$_2$O$_5$ hollow nanospheres as high performance cathode materials for sodium-ion batteries [J]. Journal of Materials Chemistry A, 2014, 2 (29): 11185-11194.

[96] Q STRENG E, NILSEN O, FJELLVÅG H. Optical properties of vanadium pentoxide deposited by ALD [J]. Journal of Physical Chemistry C, 2012, 116 (36): 19444-19450.

[97] YU X Y, LU Z Y, ZHANG G X, et al. V$_2$O$_5$ nanostructure arrays: controllable synthesis and performance as cathodes for lithium ion batteries [J]. RSC Advances, 2013, 3 (34): 19937-19941.

[98] PAN A Q, WU H B, YU L, et al. Template-free synthesis of VO$_2$ hollow microspheres with various interiors and their conversion into V$_2$O$_5$ for lithium-ion batteries [J]. Angewandte Chemie, 2013, 52 (8): 2226-2230.

[99] MAO L J, LIU C Y, Li J. Template-free synthesis of VO$_x$ hierarchical hollow spheres [J]. Journal of Materials Chemistry, 2008, 18 (14): 1640-1643.

[100] WANG X, CAO X Q, BOURGEOIS L, et al. N-doped graphene-SnO$_2$ sandwich paper for high-performance lithium-ion batteries [J]. Advanced Functional Materials, 2012, 22 (13): 2682-2690.

[101] WANG J X, LI W, WANG F, et al. Controllable synthesis of SnO$_2$@C yolk-shell nanospheres as a high-performance anode material for lithium ion batteries [J]. Nanoscale, 2014, 6 (6): 3217-3222.

[102] WAGEMAKER M, SIMON D R, KELDER E M, et al. A kinetic two-phase and equilibrium solid solution in spinel Li$_{4+x}$Ti$_5$O$_{12}$ [J]. Advanced Materials, 2006, 18 (23): 3169-3173.

[103] COLIN J F, GODBOLE V, NOVÁK P. In situ neutron diffraction study of Li insertion in

$Li_4Ti_5O_{12}$ [J]. Electrochemistry Communications, 2010, 12 (6): 804-807.

[104] CHENG L, YAN J, ZHU G N, et al. General synthesis of carbon-coated nanostructure $Li_4Ti_5O_{12}$ as a high rate electrode material for Li-ion intercalation [J]. Journal of Materials Chemistry, 2010, 20 (3): 595-602.

[105] SHEN L F, YUAN C Z, LUO H J, et al. Facile synthesis of hierarchically porous $Li_4Ti_5O_{12}$ microspheres for high rate lithium ion batteries [J]. Journal of Materials Chemistry, 2010, 20 (33): 6998-7004.

[106] LU X, JIAN Z L, FANG Z, et al. Atomic-scale investigation on lithium storage mechanism in $TiNb_2O_7$ [J]. Energy Environmental Science, 2011, 4 (8): 2638-2644.

[107] HAN J T, HUANG Y H, GOODENOUGH J B. New anode framework for rechargeable lithium batteries [J]. Chemistry of Materials, 2011, 23 (8): 2027-2029.

[108] ZHU G N, WANG Y G, XIA Y Y. Ti-based compounds as anode materials for Li-ion batteries [J]. Energy & Environmental Science, 2012 5 (5): 6652-6667.

[109] HEMALATHA K, PRAKASH A S, GURUPRAKASH K, et al. TiO_2 coated carbon nanotubes for electrochemical energy storage [J]. Journal of Materials Chemistry A, 2014, 2 (6): 1757-1766.

[110] INAMDAR A, KALUBARME R S, KIM J, et al. Nickel titanate lithium-ion battery anodes with high reversible capacity and high-rate long-cycle life performance [J]. Journal of Materials Chemistry A, 2016, 4 (13): 4691-4699.

[111] CHOI M S, KIM H S, LEE Y M, et al. Enhanced electrochemical performance of $Li_3V_2(PO_4)_3$/Ag-graphene composites as cathode materials for Li-ion batteries [J]. Journal of Materials Chemistry A, 2014, 2 (21): 7873-7879.

[112] PAN D Y, HUANG H, WANG X Y, et al. C-axis preferentially oriented and fully activated TiO_2 nanotube arrays for lithium ion batteries and supercapacitors [J]. Journal of Materials Chemistry A, 2014, 2 (29): 11454-11464.

[113] FAN Q, LEI L X, SUN Y M. Facile synthesis of a 3D-porous $LiNbO_3$ nanocomposite as a novel electrode material for lithium ion batteries. [J] Nanoscale, 2014, 6 (13): 7188-7192.

[114] LI H S, SHEN L F, PANG G, et al. $TiNb_2O_7$ nanoparticles assembled into hierarchical microspheres as high-rate capability and long-cycle-life anode materials for lithium-ion batteries [J]. Nanoscale, 2015, 7 (2): 619-624.

[115] LI L F, FAN C L, ZHANG X, et al. Synthesis of $Li_3V_2(PO_4)_3$/C for use as the cathode material in lithium ion batteries using polyvinylidene fluoride as the source of carbon [J]. New Journal of Chemistry, 2015, 39 (4): 2627-2632.

[116] PÉREZ-FLORES J C, BAEHTZ C, HOELZEL M, et al. Full structural and electrochemical characterization of $Li_2Ti_6O_{13}$ as anode for Li-ion batteries [J]. Physical Chemistry Chemical Physics, 2012, 14 (8): 2892-2899.

[117] CHANG C M, CHEN Y C, MA W L, et al. High-rate capabilities of $Li_4Ti_{5-x}V_xO_{12}$ ($0 \leqslant x \leqslant 0.3$) anode materials prepared by a sol-gel method for use in power lithium ion batteries [J]. RSC Advances, 2015, 5 (61): 49248-49256.

[118] GUO S M, WANG S Y, WU N N, et al. Facile synthesis of porous Fe_2TiO_5 microparticulates serving as anode material with enhanced electrochemical performances [J]. RSC Advances, 2015, 5 (126): 103767-103775.

[119] LI G, WANG X L, MA X M. Tetragonal $VNb_9O_{24.9}$ based nanorods: a novel form of lithium battery anode with superior cyclability [J]. Journal of Materials Chemistry A, 2013, 1 (40): 12409-12412.

[120] REDDY M V, SUBBA RAO G V, CHOWDARI B V. Metal oxides and oxysalts as anode materials for Li ion batteries [J]. Chemical Reviews, 2013, 113 (7): 5364-5457.

[121] DENG Y F, WAN L N, XIE Y, et al. Recent advances in Mn-based oxides as anode materials for lithium ion batteries [J]. RSC Advances, 2014, 4 (45): 23914-23935.

[122] DU J, QI J, WANG D, et al. Facile synthesis of $Au@TiO_2$ core-shell hollow spheres for dye-sensitized solar cells with remarkably improved efficiency [J]. Energy & Environmental Science, 2012, 5 (5): 6914-6918.

[123] XIONG S L, CHEN J S, LOU X W, et al. Mesoporous Co_3O_4 and $CoO@C$ topotactically transformed from chrysanthemum-like $Co(CO_3)_{0.5}(OH) \cdot 0.11H_2O$ and their lithium-storage properties [J]. Advanced Functional Materials, 2012, 22 (6): 861-871.

[124] WU B, SONG H H, ZHOU J S, et al. Iron sulfide-embedded carbon microsphere anode material with high-rate performance for lithium-ion batteries [J]. Chemical Communications, 2011, 47 (30): 8653-8655.

[125] JEONG G, KIM H, PARK J H, et al. Nanotechnology enabled rechargeable $Li-SO_2$ batteries: another approach towards post-lithium-ion battery systems [J]. Energy Environmental Science, 2015, 8 (11): 3173-3180.

[126] WANG L N, WANG Y G, XIA Y Y. A high performance lithium-ion sulfur battery based on a Li_2S cathode using a dual-phase electrolyte [J]. Energy Environmental Science, 2015, 8 (5): 1551-1558.

[127] CHEN H P, ZHANG Y F, YANG J, et al. $Ni_{0.33}Co_{0.66}(OH)_F$ hollow hexagons woven by MWCNTs for high-performance lithium-ion batteries [J]. Journal of Materials Chemistry A, 2015, 3 (41): 20690-20697.

[128] WU F X, MAGASINSKI A, YUSHIN G. Nanoporous Li_2S and MWCNT-linked Li_2S powder cathodes for lithium-sulfur and lithium-ion battery chemistries [J]. Journal of Materials Chemistry A, 2014, 2 (17): 6064-6070.

[129] ELLIS B L, RAMESH T N, ROWAN-WEETALUKTUK W N, et al. Solvothermal synthesis of electroactive lithium iron tavorites and structure of Li_2FePO_4 [J]. Journal of Materials Chemistry, 2012, 22 (11) 4759-4766.

[130] MIAO Y E, HUANG Y P, ZHANG L S, et al. Electrospun porous carbon nanofiber@ MoS_2 core/sheath fiber membranes as highly flexible and binder-free anodes for lithium-ion batteries [J]. Nanoscale, 2015, 7 (25): 11093-11101.

[131] LEGER C, BACH S, SOUDAN P, et al. Structural and electrochemical properties of ω-$Li_xV_2O_5$ (0.4≤x≤3) as rechargeable cathodic material for lithium batteries [J]. Journal of

the Electrochemical Society, 2005, 152 (1): A236-A241.

[132] LIU J F, WANG X, PENG Q, et al. Vanadium pentoxide nanobelts: highly selective and stable ethanol sensor materials [J]. Advanced Materials, 2005, 17 (6): 764-767.

[133] MYUNG S, LEE M, KIM G T, et al. Large-scale "surface-programmed assembly" of pristine vanadium oxide nanowires-based devices [J]. Advanced Materials, 2005, 17 (19): 2361-2364.

[134] MUSTER J, KIM G T, KRSTIĆ V, et al. Electrical transport through individual vanadium pentoxide nanowires [J]. Advanced Materials, 2000, 12 (6): 420-424.

[135] PINNA N, WILD U, URBAN J, et al. Divanadium pentoxide nanorods. [J] Advanced Materials, 2003, 15 (4): 329-331.

[136] ZHOU F, ZHAO X M, YUAN C G, et al. Vanadium pentoxide nanowires: hydrothermal synthesis formation mechanism and phase control parameters [J]. Crystal Growth & Design, 2008, 8 (2): 723-727.

[137] LI G C, PANG S P, JIANG L, et al. Environmentally friendly chemical route to vanadium oxide single-crystalline nanobelts as a cathode material for lithium-ion batteries [J]. Journal of Physical Chemistry B, 2006, 110 (19): 9383-9386.

[138] TAKAHASHI K, LIMMER S J, WANG Y, et al. Synthesis and electrochemical properties of single-crystal V_2O_5 nanorod arrays by template-based electrodeposition [J]. Journal of Physical Chemistry B, 2004, 108 (28): 9795-9800.

[139] CHEN W. ZHOU C W, MAI L Q, et al. Field emission from V_2O_5, nH_2O nanorod arrays [J]. Journal of Physical Chemistry C, 2008, 112 (7): 2262-2265.

[140] CHAN C K, PENG H L, TWESTEN R D, et al. Fast, completely reversible Li insertion in vanadium pentoxide nanoribbons [J]. Nano Letters, 2007, 7 (2): 490-495.

[141] ZHAI T Y, LIU H M, LI H Q, et al. Centimeter-long V_2O_5 nanowires: from synthesis to field-emission, electrochemical, electrical transport, and photoconductive properties [J]. Advanced Materials, 2010, 22 (23): 2547-2552.

[142] NAGARAJU G, CHITHAIAHB P, ASHOKAC S, et al. Vanadium pentoxide nanobelts: one pot synthesis and its lithium storage behavior [J]. Crystal Research and Technology, 2012, 47 (8): 868-875.

[143] VELAZQUEZ J M, BANERJEE S. Catalytic growth of single-crystalline V_2O_5 nanowire arrays [J]. Small, 2009, 5 (9): 1025-1029.

[144] MUHR H J, KRUMEICH F, SCHÖNHOLZER U P, et al. Vanadium oxide nanotube-a new flexible vanadate nanophase [J]. Advanced Materials, 2000, 12 (3): 231-234.

[145] REN L, CAO M H, SHI S F, et al. Vanadium oxide nanodisks: synthesis, characterization, and electrochemical properties [J]. Materials Research Bulletin, 2012, 47 (1): 85-91.

[146] CHANDRAPPA G T, STEUNOU N, CASSAIGNON S, et al. Hydrothermal synthesis of vanadium oxide nanotubes from V_2O_5 gels [J] Catalysis Today, 2003, 78 (1/2/3/4): 85-89.

[147] WEI M D, QI Z M, ICHIHARA M, et al. Synthesis of single-crystal vanadium dioxide nanosheets by the hydrothermal process [J]. Journal of Crystal Growth, 2006, 296 (1): 1-5.

［148］ LIU J, LIU F, GAO K, et al. Recent developments in the chemical synthesis of inorganic porous capsules ［J］. Journal of Materials Chemistry, 2009, 19 (34): 6073-6084.

［149］ LIU J, ZHOU Y C, WANG J B, et al. Template-free solvothermal synthesis of yolk-shell V_2O_5 microspheres as cathode materials for Li-ion batteries ［J］. Chemical Communications, 2011, 47 (37): 10380-10382.

［150］ WANG S Q, LU Z D, WANG D, et al. Porous monodisperse V_2O_5 microspheres as cathode materials for lithium-ion batteries ［J］. Journal of Materials Chemistry, 2011, 21 (17): 6365-6369.

［151］ SASIDHARAN M, GUNAWARDHANA N, YOSHIO M, et al. V_2O_5 hollow nanospheres: a lithium intercalation host with good rate capability and capacity retention ［J］. Journal of the Electrochemical Society, 2012, 159 (5): A618-A621.

［152］ PAN A Q, WU H B, ZHANG L, et al. Uniform V_2O_5 nanosheet-assembled hollow microflowers with excellent lithium storage properties ［J］. Energy & Environmental Science 2013, 6 (5): 1476-1479.

［153］ TANG Y X, RUI X H, ZHANG Y Y, et al. Vanadium pentoxide cathode materials for high-performance lithium-ion batteries enabled by a hierarchical nanoflower structure via an electrochemical process ［J］. Journal of Materials Chemistry A, 2013, 1 (1): 82-88.

［154］ YU H, RUI X H, TAN H T, et al. Cu doped V_2O_5 flowers as cathode material for high-performance lithium ion batteries ［J］. Nanoscale, 2013, 5, (11): 4937-4943.

［155］ LI X X, LI W Y, MA H, et al. Electrochemical lithium intercalation/deintercalation of Single-crystalline V_2O_5 Nanowires ［J］. Journal of The Electrochemical Society, 2007, 154 (1): A39-A42.

［156］ HU Y S, LIU X, MÜLLER J O, et al. Synthesis and electrode performance of nanostructured V_2O_5 by using a carbon tube-in-tube as a nanoreactor and an efficient mixed-conducting network ［J］. Angewandte Chemie, 2009, 48 (1): 210-214.

［157］ LOU X W, DENG D, LEE J Y, et al. Self-supported formation of needlelike Co_3O_4 nanotubes and their application as lithium-ion battery electrodes ［J］. Advanced Materials, 2008, 20 (2): 258-262.

［158］ WU F F, XIONG S L, QIAN Y T, et al. Hydrothermal synthesis of unique hollow hexagonal prismatic pencils of $Co_3V_2O_8 \cdot nH_2O$: a new anode material for lithium-ion batteries ［J］. Angewandte Chemie, 2015, 54 (37): 10787-10791.

［159］ YANG G, CUI H, YANG G, et al. Self-assembly of $Co_3V_2O_8$ multilayered nanosheets: controllable synthesis excellent Li-storage properties and investigation of electrochemical mechanism ［J］. ACS Nano, 2014, 8 (5): 4474-4487.

［160］ NI S B, MA J J, ZHANG J C, et al. Electrochemical performance of cobalt vanadium oxide/natural graphite as anode for lithium ion batteries ［J］. Journal of Power Sources, 2015, 282 (1): 65-69.

［161］ MUSTER J, KIM G T, CRSTIĆ V, et al. Electrical transport though individual vanadium pentoxide nanowires ［J］. Advanced Materials, 2000, 12 (6): 420-424.

[162] WATANABE T, IKEDA Y, ONO T, et al. Characterization of vanadium oxide sol as a starting material for high rate intercalation cathodes [J]. Solid State Ionics, 2002, 151 (1-4): 313-320.

[163] WANG Z Y, ZHOU L, LOU X W. Metal oxide hollow nanostructures for lithium-ion batteries [J]. Advanced Materials, 2012, 24 (14): 1903-1911.

[164] SUN Y K, OH S M, PARK H K, et al. Micrometer-sized, nanoporous, high-volumetric-capacity $LiMn_{0.85}Fe_{0.15}PO_4$ cathode material for rechargeable lithium-ion batteries [J]. Advanced Materials, 2011, 23: 5050-5054.

[165] XIANG H F, WANG H, CHEN C H, et al. Thermal stability of $LiPF_6$-based electrolyte and effect of contact with various delithiated cathodes of Li-ion batteries [J]. Journal of Power Sources, 2009, 191 (2): 575-581.

[166] GAI P L, STEPHAN O, MCGUIRE K, et al. Structural systematics in boron-doped single wall carbon nanotubes [J]. Journal of Materials Chemistry, 2004, 14 (4): 669-675.

[167] GLYNN C, CREEDON D, GEANEY H, et al. Optimizing vanadium pentoxide thin films and multilayers from dip-coated nanofluid precursors [J]. ACS Applied Materials & Interfaces, 2014, 6 (3): 2031-2038.

[168] ZHANG X F, WANG K X, WEI X, et al. Carbon-coated V_2O_5 nanocrystals as high performance cathode material for lithium ion batteries [J]. Chemistry of Materials, 2011, 23 (24): 5290-5292.

[169] WANG L L, LOU Z, FEI T, et al. Zinc oxide core-shell hollow microspheres with multi-shelled architecture for gas sensor applications [J]. Journal of Materials Chemistry, 2011, 21 (48): 19331-19336.

[170] LAI X Y, LI J, KORGEL B A, et al. General synthesis and gas-sensing properties of multiple-shell metal oxide hollow microspheres. [J] Angewandte Chemie, 2011, 50 (12): 2738-2741.

[171] MATSUSAKI M, AJIRO H, KIDA T, et al. Layer-by-layer assembly through weak interactions and their biomedical applications [J]. Advanced Materials, 2012, 24 (4): 454-474.

[172] JANG B Z, LIU C G, NEFF D, et al. Graphene surface-enabled lithium ion-exchanging cells: next-generation high-power energy storage devices [J]. Nano Letters, 2011, 11 (9): 3785-3791.

[173] ZHANG G Q, LOU X W. General synthesis of multi-shelled mixed metal oxide hollow spheres with superior lithium storage properties [J]. Angewandte Chemie, 2014, 53 (34): 9041-9044.

[174] HE T, CHEN D, JIAO X L, et al. Co_3O_4 nanoboxes: surfactant-templated fabrication and microstructure characterization [J]. Advanced Materials, 2006, 18 (8): 1078-1082.

[175] JIANG W J, ZENG W Y, MA Z S, et al. Advanced amorphous nanoporous stannous oxide composite with carbon nanotubes as anode materials for lithium-ion batteries [J]. RSC Advances, 2014, 4 (78): 41281-41286.

[176] ZHANG Q F, UCHAKER E, CANDELARIA S L, et al. Nanomaterials for energy conversion and storage [J]. Chemical Society Reviews, 2013, 42 (7): 3127-3171.

[177] KWON K C, CHOI S, HONG K, et al. Wafer-scale transferable molybdenum disulfide thin-film catalysts for photoelectrochemical hydrogen production [J]. Energy Environmental Science, 2016, 9 (7): 2240-2248.

[178] CHERIAN C T, SUNDARAMURTHY J, REDDY M V, et al. Morphologically robust $NiFe_2O_4$ nanofibers as high capacity Li-ion battery anode material [J]. ACS Applied Materials & Interfaces, 2013, 5 (20): 9957-9963.

[179] BAUDRIN E, LARUELLE S, DENIS S, et al. Synthesis and electrochemical properties of cobalt vanadates vs. lithium [J]. Solid State Ionics, 1999, 123 (1/2/3/4): 139-153.

[180] HONG Y J, SON M Y, KANG Y C. One-pot facile synthesis of double-shelled SnO_2 yolk-shell-structuredpowders by continuous process as anode materials for Li-ion batteries [J]. Advanced Materials, 2013, 25 (16): 2279-2283.

[181] NISHIMURA S, HAYASE S, KANNO R, et al. Structure of Li_2FeSiO_4 [J]. Journal of the American Chemical Society, 2008, 130 (40): 13212-13213.

[182] LI X L, ZHANG L, WANG X R, et al. Langmuir-blodgett assembly of densely aligned single-walled carbon nanotubes from bulk materials [J]. Journal of Chemistry Society, 2007, 129 (16): 4890-4891.

[183] ZHANG G Q, YU L, WU H B, et al. Formation of $ZnMn_2O_4$ ball-in-ball hollow microspheres as a high-performance anode for lithium-ion batteries [J]. Advanced Materials, 2012, 24 (34): 4609-4613.

[184] ZHOU L, ZHAO D Y, LOU X W. Double-shelled $CoMn_2O_4$ hollow microcubes as high-capacity anodes for lithium-ion batteries [J]. Advanced Materials, 2012, 24 (6): 745-749.

[185] CAO X H, SHI Y M, SHI W H, et al. Preparation of MnS_2-coated three-dimensional graphene networks for high-performance anode materials in lithium-ion batteries [J]. Small, 2013, 9 (20): 3433-3488.

[186] KONG D B, LI X L, ZHANG Y B, et al. Collection: encapsulating V_2O_5 into carbon nanotube enables flexible high-performance lithium-ion batteries [J]. Energy & Environmental Science, 2016, 9 (8): 906-911.

[187] SUN B, HUANG K, QI X, et al. Rational construction of a functionalized V_2O_5 nanosphere/MWCNT layer-by-layer nanoarchitecture as cathode for enhanced performance of lithium-ion batteries [J]. Advanced Functional Materials, 2015, 25 (35): 5633-5639.

[188] DU N, ZHANG H, CHEN B D, et al. Porous Co_3O_4 nanotubes derived from $Co_4(CO)_{12}$ clusters on carbon nanotube templates: a highly efficient material for Li-battery applications [J]. Advanced Materials, 2007, 19 (24): 4505-4509.

[189] YAN N, HU L, LI Y, et al. Co_3O_4 nanocages for high-performance anode material in lithium-ion batteries [J]. Journal of Physical Chemistry C, 2012, 116 (12): 7227-7235.